Riesenbagger in Aktion

IMPRESSUM

HEEL Verlag GmbH
Gut Pottscheidt
53639 Königswinter
Tel.: 02223 9230-0
Fax: 02223 923026
E-Mail: info@heel-verlag.de
Internet: www.heel-verlag.de

Deutsche Ausgabe:
© 2004 by Heel Verlag GmbH

Englische Originalausgabe:
MBI Publishing Company
Galtier Plaza, Suite 200
380 Jackson Street
St. Paul, MN 55101-3885
USA
Englischer Originaltitel:
Power Shovels – The World's Mightiest Mining
and Construction Excavators
© 2003 Eric C. Orlemann

Deutsche Übersetzung: Jost Neßhöver
Lektorat: Joachim Hack
Satz: Grafikbüro Schumacher, Königswinter
Druck: STIGE S.p.A., San Mauro, Italien

- Alle Rechte vorbehalten -

Printed in Italy

ISBN 3-89880-257-4

Inhalt

	Danksagung	6
	Einleitung	8
Kapitel I	Das Dampfzeitalter	11
Kapitel II	Giganten im Tagebau	27
Kapitel III	Ladebagger	61
Kapitel IV	Hydraulische Tagebaubagger	101
Kapitel V	Das Ende der Super-Stripper	141
	Bibliografie	159
	Index	159

Danksagung

Für ein Projekt wie „Riesenbagger" bedarf es einer Menge Vorarbeit und der Hilfe vieler Menschen. So hat mich Bergbau-Industrie stets in meinen Bemühungen unterstützt und zu meiner großen Freude auch diesmal keine Ausnahme gemacht. Ohne die Hilfe der folgenden Personen und der Unternehmen, die sie repräsentieren, hätte das Buch nicht entstehen können. Es sind Kent Henschen von Bucyrus International, Mark Dietz, Art Beyersdorf, Jordan Johnston und Al Storm von P&H Mining, Merilee S. Hunt und K. Peter Winkel von Leibherr Mining Equipment, J. Peter Ahrenkiel und Jess Ewing von Terex Mining, Lee Haak von Komatsu America, Bryce Short von Transwest Mining Systems, Christine L. Taylor, Vic Svec, Cindy S. Miller, Beth C. Sutton und William A. Vance von Peabody Energy, Greg Dundas und Bob Heimann von der Powder River Coal Company, Charlene Murdock, Michael J. Stevermer und Rafael A. Nunez von Kennecott Energy, Thomas J. Lien, Kurt Cost, Kevin Avery, Larry Vail, Bob Davis und William M. Dalton von der RAG Coal West, Ray Reipas und Paul Sirois von Suncor Energy sowie Bonnie Clemetson von der Thunder Basin Coal Company und Greg Halinda.

Außerdem danke ich den vielen Fotografen und Forschern aus aller Welt, die freundlicherweise Fotos beigesteuert haben. Ich kann nur sagen, dass ihre Arbeit für sich spricht. Dank an Dale Davis, Peter N. Grimshaw, Michael Hubert, Mike Haskins, John Kuss, Gary Middlebrook, Urs Peyer, Les P. Kent, Stewart Halperin, Randall Hyman und Allen Campbell.

Mein aufrichtiger Dank gilt zudem Bill Rudicill und Harvey F. Pelley. Sie haben viel Zeit und Mühe darauf verwendet, den 50-B-Dampfbagger rechtzeitig für den ganz knappen Fototermin ans Laufen zu bringen. Ein dickes Dankeschön auch an Jeff Solley für zusätzliche Forschungsergebnisse und an Thomas Berry von der Historical Construction Equipment Association (HCEA) für die Versorgung mit historisch wichtigem Material.

Schließlich danke ich Keith Haddock von Park Communications. Keith und ich arbeiten seit Jahren bei ähnlichen Werken zusammen. Es gibt auf der Welt niemanden, dem ich so vertraue wie Keith, wenn es um Rat und Hilfe bei der Recherche in der Bergbau-Industrie geht. Ob es sich um ein seltenes Foto handelt oder um eine kleine kuriose Geschichte um ein längst vergessenes Stück Technik handelt – Keith weiß stets Antwort. Nochmals danke.

Eric C. Orlemann
Decatur, Illinois, 2003

BUCYRUS ERIE 3850-B LOT II
Der Bucyrus Erie 3850-B Lot II der Peabody nimmt einen Löffel voll Material. Das sind bei einem 106,4 Kubikmeter großen Hochlöffel immerhin 210 Tonnen. Die Aufnahme entstand im Frühjahr 1992 in der River King No.6 Mine. Im September des gleichen Jahres wurde der Koloss abgestellt.

Einleitung

Warum wir sind was wir sind, unsere Vorlieben und Abneigungen lassen sich oft zurückführen auf ein Ereignis oder eine Folge von Vorkommnissen in unserem Leben. Manche sind eher abstrakter Natur, manche aber gleichsam mit Händen zu greifen. Wie so viele Kinder in den frühen Sechzigern verbrachte ich die ersten Lebensjahre als Vorarbeiter einer außerordentlich belebten Großbaustelle namens Sandkasten. Dort wurden unermüdlich Löcher gebuddelt und wieder verfüllt, erneut ausgehoben und wiederum verfüllt. Blockhäuser wurden erbaut und stürzten wieder ein, und Brücken über reißende Flüsse waren kein Problem, wenn ein Montage-Baukasten und ein Gartenschlauch vorhanden waren. Nichts war unmöglich. Es gab nichts, was mein Erdbewegungs-Fuhrpark nicht zu leisten vermochte, solange die Tanks voll waren mit meiner kindlichen Vorstellungskraft.

Die Lehren aus dem Sandkasten verschafften mir die ersten handfesten Erfahrungen in den Verfahren der Erdbewegung in des Wortes ursprünglichster Bedeutung. Das nächste prägende Erlebnis war eher geistiger Natur. Etwa mit vier Jahren wurde ich in die Welt von Mike Mulligan und seinem Dampfbagger eingeführt. Die Geschichte des irischen Baggerführers und seines geliebten Dampfbaggers Mary Anne, 1939 geschrieben von Virginia Lee Burton, ist längst ein Klassiker der Kinderbuch-Literatur. Es geschah eines Morgens in der „Captain Kangaroo Show" im Fernsehen, als der gute Captain Bob Keeshan die Geschichte vom Baggerführer und seiner Maschine vorlas und gleichzeitig die Bilder aus dem Kinderbuch eingeblendet wurden. Ich war ge-

fesselt. Von nun an war alles, was in der realen Welt Mike Mulligans Bagger auch nur entfernt ähnelte, für mich ein Dampfbagger. Wenn er einen Löffel hatte, dampfte und graben konnte, musste es ganz einfach einer sein. Es dauerte ein paar Jahre, bis ich endlich begriff, dass es längst keine dampfgetriebenen Löffelbagger mehr gab, sondern dass sie von Diesel- und Elektromotoren angetrieben wurden. Mir ist nicht klar, warum mich niemand aufklärte. Ich vermute, dass ein Vierjähriger, der jedes Ding mit Baggerlöffel einen Dampfbagger nannte, ganz einfach niedlich wirkte. Immerhin rüttelte ja auch niemand an der Vorstellung, das der Weihnachtsmann etwas ganz Reales sei.

Nun ist es fast 40 Jahre her, dass diese bescheidenen Anfänge sich in meinen Unterbewusstsein festsetzten. In meinem Berufsleben im Marketing für die Industrie waren es stets die Hersteller schweren Bergbau-Geräts, die meine Neugier reizten. An die Stelle der Erinnerung an Mike Mulligan ist mittlerweile die Wirklichkeit 21 Stockwerke hoher Abraumbagger getreten, deren Hochlöffel Hunderte von Tonnen fassen. Ladebagger sind derart riesig, dass sie einen 360-Tonnen-Kipper mit nur drei Schwüngen mit dem Löffel zu füllen vermögen. Dampfmaschinen haben gigantischen Diesel- und Elektromotoren Platz gemacht. Doch ob einst oder heute – die großen Bagger waren stets die Speerspitze beim Aufbau unserer modernen Gesellschaft.

Was nun genau ist so ein Bagger eigentlich? Einfach ausgedrückt, handelt es sich um jeglichen Typ Frontbagger mit Ausleger und Löffel sowie eigenem Antrieb, ganz gleich, ob der per Dampf, Benzin, Diesel oder Elektrizität erfolgt. Es gibt Seilbagger und hydraulisch betriebene. Die große Familie der Bagger umfasst alle Maschinen zur Erdbewegung, ob als Grab- oder Fördergerät, als Löffelbagger oder Schleppschaufelbagger oder mit Schaufelrad. Den größten Wiedererkennungswert besitzen aber fraglos die Löffelbagger und unter ihnen die Seilbagger. Ein Löffelbagger in Aktion lässt niemanden darüber im Zweifel, wofür er wohl konstruiert sein mag. Der grundlegende Entwurf hat sich seit etwa 1835 nicht allzu sehr verändert. Allerdings kommt man heute seltener in den Genuss, einen großen Löffelbagger bei der Arbeit zu beobachten. Die heutigen riesigen Maschinen sind eigentlich nur noch in Steinbrüchen und im Bergbau eingesetzt, an Orten also, die nicht besonders gut zugänglich sind. Wo sie früher eingesetzt wurden, bestimmen heute Hydraulikbagger und Radlader das Bild. Nur noch am oberen Ende der Bagger-Nahrungskette schwingen noch die großen Seilbagger das Zepter.

Dieses Buch führt ein in die Welt der großen Seil- und Hydraulikbagger der Steinbruch- und der Bergbauindustrie einst und jetzt. Dazu zählen die großen Ladebagger ebenso wie die riesigen Abraumbagger. Angesichts der enorm großen Zahl der Modelle, die im Laufe der Jahrzehnte gebaut worden sind, galt es eine Auswahl zu treffen. So sind hier nur die größten und historisch wichtigsten Baggertypen der jeweiligen Epochen aufgeführt. Die kleineren Modelle sind nicht weniger wichtig als ihre großen Brüder, aber es sind zweifellos die Giganten der Erdbewegung, die unsere Aufmerksamkeit auf sich ziehen und uns in Staunen und Ehrfurcht versetzen.

MARION 5900
Der Marion 5900 der Peabody Coal legt ein Kohleflöz in der Lynnville-Mine in Indiana frei. Die Aufnahme von 1997 zeigt den Abraumbagger mit seinem 85 Kubikmeter großen Hochlöffel in Aktion. Der Löffelinhalt wiegt fast 170 Tonnen. *Allen Campbell*

Kapitel I

Das Dampfzeitalter

Zu Anfang des 19. Jahrhunderts war das Bewegen von Erdmassen bei Bauvorhaben beiderseits des Atlantiks eine Sache der Muskelkraft. Menschliche und tierische Arbeitskraft war billig und jederzeit verfügbar. Ein Mann mit einer Schaufel, einer Hacke und einer Schubkarre war alles, was man in den meisten Fällen benötigte. In England wurden solche Männer „navigators" oder kurz „navvies" genannt. Der Begriff gilt namentlich für jene Arbeiter, die Kanalnetze anlegten und die Wasserstraßen aushoben, dann für Bahnarbeiter. Später blieb der Name „railway navvies" für die hart arbeitenden und arm lebenden Männer üblich.

In den 30er-Jahren des 19. Jahrhunderts machte sich William Smith Otis darüber Gedanken, wie sich Aushub und Umladen größerer Erdmassen besser, effizienter und mit weniger Arbeitskraft bewerkstelligen ließen. Otis wurde am 20. September 1813 in Pelham, Massachusetts, geboren. Seine englischen Vorfahren waren bereits 1631 nach Amerika gekommen. Sein Interesse am Baugewerbe kam wohl nicht von ungefähr, war doch sein Vater lange Jahre Bauunternehmer in Pennsylvania gewesen. Etwa mit 20 trat Otis in die Firma von Carmichael und Fairbanks in Philadelphia ein, deren Partner er 1834 wurde. In jenem Jahr bewarben sich Carmichael, Fairbanks

und Otis erfolgreich um einen Vertrag zum Bau eines Teilstücks der Boston and Providence Railroad. Um seinen Verpflichtungen dabei nachkommen zu können, zog Otis für eine gewisse Zeit nach Canton, Massachusetts.

Während der Arbeiten an der Boston and Providence begann Otis 1835, an der Idee eines Landbaggers zu tüfteln. Bis zu diesem Zeitpunkt waren mit Maschinenkraft betriebene Bagger stets Schwimmbagger gewesen. Otis, unterstützt von seinem Freund Charles Howe French, schuf nun den ersten dampfgetriebenen Löffelbagger. Der Entwurf war denkbar einfach: An einem mit Stahlseilen abgespannten Mast war ein Ausleger mit Löffelstiel samt Löffel aufgehängt. Das Heben und Senken besorgte ein Kettenzug, angetrieben von einer Dampfmaschine. Die Konstruktion rollte auf vier Rädern auf Stahlschienen. Seile an beiden Seiten dienten zum Schwenken des Auslegers. Sollte der Löffel geleert werden, zog jeweils ein Mann auf jeder Seite den Ausleger zu sich herüber. Diese Arbeiter öffneten auch die Bodenklappe des Löffels.

Sobald Otis und French den Prototyp fertig hatten, führte French ihn auf der Eisenbahn-Baustelle der Norwich and Worcester in Worcester, Massachusetts, vor. Im Verlauf der Erprobung dieser ersten Maschine offenbarten sich einige Unzu-

BUCYRUS ERIE 50-B
1929 hat der Bucyrus Erie 50-B die bescheidene Summe von 22.500 Dollar gekostet. Er wurde an die Kentucky-Virginia Stone Company in Middlesboro, Kentucky, verkauft. Er war von Mai 1929 bis Anfang 1951 in einem Kalksteinbruch in Wheeler, Virginia, im Einsatz.
ECO

OTIS STEAM SHOVEL
William Smith Otis baute 1835 den ersten landgebundenen Dampfbagger. Das Bild des zweiten Otis-Modells hat 1841 S. Rufus Mason, ein Lehrer für technisches Zeichnen aus Philadelphia, angefertigt. Die Maschine wurde auch der Philadelphia-Bagger genannt.
Sammlung des Autors

länglichkeiten, von denen aber keine derart gravierend war, dass sie das Projekt ernstlich hätte gefährden können. Der Dampfbagger war eine revolutionäre technische Errungenschaft – namentlich in jener Phase amerikanischer Geschichte. Die Eisenbahn gab es nur im äußersten Osten der jungen Nation. Der Goldrausch in Kalifornien lag noch 14 Jahre entfernt in der Zukunft, der Bürgerkrieg sollte erst 26 Jahre später beginnen, und die erste elektrische Glühlampe würde es erst in 44 Jahren geben. Der Dampfbagger aber sollte schließlich das Land ins Zeitalter der Industrialisierung in den 70er-Jahren des 19. Jahrhunderts führen.

Nachdem er seine Arbeit in Canton erledigt hatte, zog Otis Ende 1835 zurück nach Philadelphia. Dort begann er mit der Arbeit an einem verbesserten Baggerentwurf. Er heuerte seine Cousin S. Rufus Mason an, einen Lehrer für technisches Zeichnen. Er sollte ihm helfen, einen vollständigen Satz Zeichnungen des neuen Entwurfs anzufertigen. Weil es die eigenen Mittel überstieg, den neuen Bagger selbst zu bauen, schloss Otis einen Vertrag mit der Firma von Garret und Eastwick, die bald in Eastwick und Harrison umbenannt wurde. Das Unternehmen sollte ihm den weiterentwickelten Dampfbagger bauen. 1837 wurden Eastwick und Harrison fertig. Am 15. Juni 1836 hatte Otis die Patentrechte für seinen „Kran-Bagger zum Ausheben und Bewegen von Erde" beantragt. Allerdings vernichtete ein Feuer im US-Patentamt die Anmeldungs-Unterlagen. Ein neuer Satz Dokumente wurde am 27. Oktober 1838 eingereicht. Otis erhielt das Patent mit der Nummer 1089 für seinen Bagger am 24. Februar 1839.

Kurz nach der Fertigstellung 1837 brachte Otis den ersten „Philadelphia"-Bagger bei einem Projekt der Western Railroad in Massachusetts zum Einsatz. Doch Otis sollte nicht mehr erleben, wie seine Idee des motorisierten Baggers zur vollen Reife gelangte. Während der Arbeit am Eisenbahnprojekt erkrankte er an Typhus. Er starb am 3. November 1839 in Westfield, Massachusetts – nur neun Monate, nachdem er das Patent für seine Erfindung erhalten hatte. Otis war gerade 26 Jahre alt, als er starb. Die großen Erwartungen, die sein viel versprechendes historisches Vermächtnis hinterließ, sollte er nicht erfüllen. Aber sein Beitrag und Anstoß für die technische Weiterentwicklung der Erdbewegungs-Industrie stehen nicht in Frage. Allerdings sollten es andere sein, die an seiner Stelle weitermachen sollten – darunter seine Witwe Elizabeth, die nun im Besitz des Patents war.

Nach Otis' Tod bauten Eastwick and Harrison bis 1843 noch sieben „Philadelphia"-Bagger. Einer davon wurde nach Großbritannien geliefert, vier nach Russland. Nur zwei blieben in den Vereinigten Staaten. Und das war es dann auch für die nächsten Jahre. Die Entwicklung des Dampfbaggers war zum Stillstand gekommen. Angesichts enormer Massen arbeitswilliger Einwanderer dachten Eisenbahn- und Bauunternehmer gar nicht daran, teure motorisierte Bagger zu kaufen. Ein weiteres Hindernis war, dass Otis' Witwe nach wie vor das Patent hütete. Das hinderte weitere Hersteller daran, eigene Bagger zu bauen. Doch bald schon erkannten viele, dass der Weg in die Zukunft einer schier unbegrenzt wachsenden Nation mit ihren stetig steigenden Bedürfnissen nur über die Verbreitung des motorisierten Landbaggers führen würde.

Am 23. März 1844 heiratete Elizabeth Everett Otis erneut. Oliver S. Chapman war ein enger Freund der Familie und hatte William Otis bereits 1834 in Canton als Unternehmer beim Projekt der Boston and Providence kennen gelernt. Obwohl er sich bereits vor Jahren zurückgezogen hatte, kehrte er nach der Heirat wieder ins Erdbewegungs-Geschäft zurück. Bis Mitte der 50er-Jahre war sein Unternehmen derart gewachsen, dass er eigene Motorbagger benötigte. Chapman war ein cleverer Geschäftsmann. Schon bevor der Bedarf an eigenen Maschinen da war, hatte er 1853 Elizabeth überredet, das Patent ihres verstorbenen ersten Mannes so zu erweitern, dass der Originalentwurf auf Jahre hinaus geschützt bliebe. Weil er kein Hersteller war, versicherte er sich der Dienste der Globe Iron Works in South Boston, um die Herstellung des Otis-Baggers wieder aufzunehmen. Entsprechend trugen die neuen Maschinen den Namen Otis-„Boston"-Bagger. Außerdem erhielt auch Chapman 1867 ein Patent. Nummer 63857 galt für „bestimmte Verbesserungen am Otis-Bagger". Eine der wichtigsten war die Einführung eines Ketten-Mechanismus, der Kraft auf den Löffelstiel lenkte und dem Löffel so Vorschub verlieh.

Nachdem nun der Eisenbahnbau rekordverdächtige Ausmaße annahm, stiegen auch die Verkaufszahlen von Otis (respektive Otis-Chapman) rapide.

BARNHART'S STEAM SHOVEL-STYLE A

Zu den bekannteren Schienenbaggern von Marion zählte der Barnhart's Steam Shovel-Type A, der 1883 entworfen wurde. Dieser 0,95-Kubikmeter-Bagger war 1886 an die E. H. France Company in Bloomville, Ohio, verkauft worden. Insgesamt wurden 416 Exemplare bis zum Produktionsstopp 1906 gebaut.
HCEA

Dampfzeitalter 13

OBEN: BUCYRUS ERIE 50-B
Der 1922 vorgestellte Bucyrus Erie 50-B war einer der besten Bagger in der 1,5-Kubikmeter-Klasse. Es gab ihn mit Hochlöffel, mit Schürfkübel, mit Greifer oder als Kran. Die 50-B brachten im Schnitt 71 Tonnen auf die Waage.
ECO

UNTEN: MARION MODEL 40
Eine kurze Pause für den Fotografen macht um 1910 die Mannschaft eines Marion Model 40. Der Typ wurde 1908 bis 1912 gebaut. Die Aufnahme entstand in Virginia.
HCEA

OBEN: BUCYRUS ERIE 50-B
Den Bucyrus Erie 50-B gab es außer mit Dampfantrieb auch mit Diesel- oder Elektromotor. Die Dampfversionen waren entweder kohle- oder wie der abgebildete Bagger ölbefeuert.
ECO

UNTEN: BUCYRUS NO. 0
Der größte der frühen schienengebundenen Bucyrus-Bagger war der No.0. Er wurde 1888 vorgestellt und hatte einen 1,7-Kubikmeter-Löffel. Die Aufnahme wurde 1890 gemacht.
Sammlung Keith Haddock

Aber es sollte nicht lange dauern, bis weitere Hersteller Wege fanden, eigene Dampfbagger zu bauen. Auch sie wollten teilhaben am Boom der gewinnbringenden und begehrten Maschinen für den lukrativen Eisenbahnbau.

Um 1878 brummte die Industrialisierung in den Vereinigten Staaten. Baugewerbe, wachsendes Eisenbahnnetz, Bergbau und Stahlproduktion nahmen allerorten rapide zu. Der Ruf nach größeren und leistungsfähigeren Dampfbaggern wurde immer lauter. Im Laufe der Jahre war der Dampfbagger überdies über seine Rolle im Schienen- und Wasserwegebau hinausgewachsen. Immer wichtiger wurde er für die Arbeit in Steinbrüchen und im Bergbau. So wuchs etwa die Stahlproduktion in den USA zwischen 1830 und 1900 von jährlich 1,4 Millionen auf elf Millionen Tonnen. Die Förderung immer größerer Mengen Eisenerzes bekam essentielle Bedeutung für die Stahlproduktion. Der Bedarf ließ sich nur durch den Einsatz der motorisierten Bagger decken. Der erste nachgewiesene Auftritt eines Dampfbaggers in einer Erzmine datiert auf das

Dampfzeitalter **15**

BUCYRUS 78C
Ab 1922 bot Bucyrus seine Bagger auch mit Raupenketten an, die sie unabhängig von den Schienen machten. Der Bucyrus 78C – das Modell gab es seit 1915 – wurde nachträglich mit Kettenlaufwerk ausgerüstet. Das vordere Paar ist zugunsten größerer Standfestigkeit an längeren Auslegern montiert.
Sammlung Keith Haddock

Jahr 1891. Bereits 1877 war ein Dampfbagger im Kohlebergbau eingesetzt worden, Kupfererz wurde ab 1896 mittels Dampfkraft abgebaut. Bis 1905 gehörten motorgetriebene Bagger in vielen Steinbrüchen zum Alltagsbild.

In dieser Periode der Industrialisierung der Vereinigten Staaten entstanden binnen kurzer Zeit mehrere Baggerhersteller im mittleren Westen, namentlich im Bundesstaat Ohio. Jenseits des Atlantiks wurden in England Firmen gegründet, die vor allem schienengebundene Bagger produzierten. Eins der bekanntesten dieser britischen Unternehmen war Ruston, Proctor and Company, gegründet 1858. Deren erster Dampfbagger, der 1874 gebaute „Dunbar and Ruston Steam Navvy", wurde 1875 an den Kunden ausgeliefert. 1876 erhielt die Firma das Patent auf einen voll schwenkbaren Bagger. Das Konzept war seiner Zeit weit voraus, dennoch brachte es der Hersteller nie zu einem voll einsatzfähigen Prototyp. 1918 schließlich wurde die Gesellschaft zur Ruston and Hornsby.

In Amerika bauten einige Hersteller schienengebundene Bagger. Zu den wichtigsten zählten die „Osgood Dredge Company" in Troy, New York (gegründet 1875) und die 1903 in Toledo gegründete „Ohio Steam Shovel Company" (später die Ohio Power Shovel in Lima, Hersteller der Lima-Bagger). Ein weiteres bemerkenswertes Unternehmen war die „Toledo Foundry and Machine" aus Toledo, Ohio. Sie montierte 1877 als erste einen Bagger auf einem Standard-Plattformwagen der Eisenbahn. Das sollte die Standardisierung der schienengebundenen Bagger vorantreiben, was ihren Einsatz auf den vielen nationalen Bahnlinien erleichterte. 1882 wurde aus dem Unternehmen die „Vulcan Iron Works".

Aus der Masse der frühen amerikanischen Hersteller ragen freilich zwei heraus: Bucyrus Foundry and Manufacturing sowie Marion Steam Shovel. Mehr als alle anderen schufen diese beiden Unternehmen die Grundlage für die nächsten 100 Jahre Entwicklung von Baggern, die schier unvorstellbar leistungsfähig und groß sein sollten. Außerdem begann unter den beiden eine Rivalität, die legendär in der Erdbewegungs-Industrie werden sollte.

Bucyrus Foundry and Manufacturing wurde 1880 von Dan P. Eells und einer Gruppe von Geschäftspartnern gegründet. 1889 änderte sich der Firmen-

BUCYRUS ERIE 50-B
Der 50-B stand nach seiner Stilllegung im Frühling 1951 lange bei der Kentucky-Virginia Stone Company. Im Juni 1994 übernahm die Belleview Sand and Gravel den Bagger, der sich jetzt in Petersburg in Kentucky befindet.
ECO

Dampfzeitalter **17**

OBEN: MARION MODEL 28
Neben Raupenketten bot Marion auch stählerne Antriebsräder für die meisten seiner frühen Baggermodelle an. Das Bild zeigt sie an einem Model 28, wie es von 1911 bis 1919 in rund 400 Exemplaren gebaut wurde.
HCEA

UNTEN: MARION MODEL 28
Ab etwa 1916 setzte Marion seine kleineren Bagger auch auf Unterwagen mit Raupenketten. Der erste war der Model 28. Die größeren Typen erhielten erst ab 1923 Gleiskettenlaufwerke.
Sammlung des Autors

LINKS: BUCYRUS ERIE 50-B
Der 50-B dient eigentlich nur noch als Ausstellungsstück im Belleview-Steinbruch. Doch die Betreibergesellschaft hält ihn stets in betriebstüchtigem Zustand. Hier führt er im Jahr 2002 seine Künste vor. Die Szene sieht auch nicht anders aus als vielleicht im Jahr 1929.
ECO

UNTEN: BUCYRUS 14-B
Die Modelle 14-B und 18-B waren die ersten von Bucyrus mit Schwenkbereich von vollen 360 Grad. Sie kamen ab 1912 als erste aus der Fabrik in Evansville in Indiana. Die Aufnahme zeigt einen 14-B-Dampfbagger, der seinen eigenen Wasservorrat hinter sich herzieht.
Sammlung des Autors

name in Bucyrus Steam Shovel and Dredge Company. Ursprünglich in Bucyrus, Ohio, beheimatet, zog das Unternehmen später nach South Milwaukee, Wisconsin, wo es die Arbeit 1893 aufnahm. 1897 änderte sich der Name erneut, fortan firmierte der Hersteller unter The Bucyrus Company. Bucyrus baute seinen ersten Dampfbagger 1882. Der „No.1 Thompson Iron Steam Shovel and Derrick" war ein schienengebundener Bagger für die Ohio Central Railroad. Der „Thompson" war derart erfolgreich, dass bis 1889 insgesamt 59 gebaut wurden. Damit war Bucyrus im ganz großen Bagger-Business angekommen.

Dampfzeitalter 19

OBEN LINKS: BUCYRUS ERIE 50-B
Die früheren Besitzer des 50-B hatten 1951 gerade erst den Kessel erneuert, als sie sich dazu entschlossen, den Dampfbagger auf Dieselantrieb umzustellen. Nachdem der Oldtimer dann 43 Jahre lang stillgelegt war, zeigte er sich noch in bemerkenswert guter Verfassung, und alle Teile waren vorhanden.
ECO

OBEN RECHTS: BUCYRUS ERIE 50-B
Dampfbagger wie der 50-B scheinen zu echtem Leben erweckt, wenn sie in Betrieb sind, wenn der Dampf zischt und der Schornstein hustet und faucht und die solide Mechanik vernehmlich in Gang kommt. Das Detailbild zeigt die Oberseite des Auslegers. Die Zahnräder auf jeder Seite übertragen die Vorschubkraft auf den Löffelstiel.
ECO

Das Leben von Bucyrus' Erzrivalen Marion begann 1883, als der Dampfbagger-Betreiber Henry M. Barnhart (aus Marion, Ohio) beschloss, bessere Bagger zu bauen als er sie bislang kennen gelernt hatte. Mit der Hilfe von Edward Huber von der Huber Manufacturing Company, ebenfalls in Marion beheimatet, vermochte Barnhart seinen Traumbagger zu bauen. Der „Barnhart Steam Shovel and Wrecking Car" wurde gleich ein Erfolg und an die „Jackson and Mackinaw Railroad" verkauft. 1884 gründeten dann Barnhart, Huber und der Gesellschafter George W. King die Marion Steam Shovel Company mit Sitz in Marion. Weitere Hersteller sollten entsehen und wieder vergehen, doch Marion – neben Bucyrus – sollte sich als der Stärkste behaupten.

Marion Steam Shovel stellte bald einige schienengebundene Dampfbagger vor, deren Betriebsgewichte von 25 bis 137 Tonnen reichten. Die Löffelgröße variierte zwischen 0,6 und 4,6 Kubikmetern. Die früheren Modelle trugen Buchstaben-Bezeichnungen wie der 0,95-Kubikmeter-Bagger namens „Barnhart´s Steam Shovel-Style A" von 1886. Im Jahr 1900 erhielten die Modelle Nummern-Bezeichnungen, die auf dem ungefähren Frachtgewicht der Typen basierte. Außerdem hießen die Bagger nicht mehr nach dem Mitgründer Barnhart, sondern nach dem Unternehmen Marion Shovel. Der erste Typ, der nach der neuen Methode 1900 getauft wurde, war das Model 80 mit 2,65-Kubikmeter-Löffel. Zu den bekannteren gehörten Model G von 1897 (1,9-Kubikmeter-Löffel, 124 Mal gebaut), Model 20 von 1901 (0,95 Kubikmeter, 228 gebaut), Model 91 von 1902 (3,8 Kubikmeter, 131 gebaut), Model 41 von 1912 (1,14 Kubikmeter, 75 gebaut) und Model 70 von 1912 (2,47 Kubikmeter, 74 gebaut). Der größte aller schienengebundenen Marion-Bagger war Model 100, ein 137-Tonnen-Bagger mit 4,56-Kubikmeter-Löffel. Er wurde von 1909 bis 1926 in 39 Exemplaren gebaut. Den letzten Schienen-Bagger lieferte Marion 1931 aus. Es war ein Model 61. Eingeführt 1912, führte Model 61 einen 1,9-Kubikmeter-Löffel und wurde 131 Mal verkauft.

Der Basisentwurf dieser Typen verfügte über einen Ausleger, der sich um 200 Grad schwenken ließ. Allerdings stellte das Unternehmen 1908 die kleineren Modelle 30 und 35 vor, die sich um volle 360 Grad schwenken ließen. Obwohl die meisten kohlebefeuert waren, bot Marion viele der beliebteren Typen auch mit elektrischem Antrieb an, etwa die Models 51 und 91. Einige der kleineren Typen konnten außerdem mit griffigen stählernen Antriebsrädern bestellt werden. Die wurden vor allem dann geordert, wenn der Untergrund am Einsatzort das Verlegen von Schienen nicht zuließ. Solche Bedingungen herrschten häufiger in Eisenerz-, Kohle- und Quarzminen. Ab 1923 bot Marion zudem Gleisketten als Nachrüstsätze für Baggerbetreiber, die ihre alten Schienenbagger in weitaus beweglichere Raupenbagger umbauen wollten.

Obwohl schon Marion eine ganze Reihe von Modellen herstellte, wurde das Unternehmen in der

20 Kapitel I

Zahl der Typen noch von Bucyrus übertroffen. Nicht weniger als 37 unterschiedliche Modelle größerer Eisenbahnbagger wurden zwischen 1882 und 1929 angeboten. In der Zahl sind die kleineren und voll schwenkbaren Radbagger noch nicht einmal enthalten. So ist es auch kein Wunder, dass Bucyrus den größten Teil der beim Bau des Panama-Kanals eingesetzten Schienenbagger lieferte. Während der Arbeiten, die von 1904 bis 1914 dauerten, bewegten 77 Bucyrus-Bagger, 24 von Marion und ein Dampfbagger von Thew fast 195 Millionen Kubikmeter Erde. Für die damalige Zeit war das eine enorme Leistung.

In der Geschichte der Bucyrus-Schienenbagger lassen sich drei Perioden unterschiedlicher Typenbezeichnungen ausmachen. Anfangs gab es einstellige Zahlen. So trug der erste „Thompson"-Bagger die Bezeichnung No. 1. Später kamen No. 2 (1886), No. 3 (1888) und No. 4 (1892) dazu. Das größte der frühen Modelle war No. 0 (1888) mit 1,7-Kubikmeter-Löffel. Ab etwa 1897 tauchte das Wort TON in den Bezeichnungen auf. Der erste war der 60-TON, der größte der 95-TON (1899) mit 3,8-Kubikmeter-Löffel. Die zweite Änderung erfolgte 1906. Von nun an wurden die Bagger nach der Art des Hebezeugs benannt. C stand für „chain-hoist" (Kettenzug), R für „rope-hoist" (Seilzug). Der erste Bagger dieser Reihen war der 45C mit 1,52-Kubikmeter-Löffel. Der größte der Seilbagger war 1909 der 70R. Größter der schienengebundenen Bucyrus-Bagger aber war der 110C mit 4,56-Kubikmeter-Löffel aus den frühen 20er-Jahren. Mit einem Betriebsgewicht von 131 Tonnen war er der direkte Konkurrent des Marion Model 100 mit 137 Tonnen. Bucyrus beendete schließlich im Jahr 1929 die Produktion der schienengebundenen Geräte. Das letzte Modell im Firmen-Programm war der erfolgreiche 68C mit 2,28-Kubikmeter-Löffel. Es gab ihn bereits seit 1915, und der letzte wurde 1930 aus dem Lagerbestand an den Kunden ausgeliefert.

BUCYRUS 80-B
Seinen bis dato größten Raupenbagger stellte Bucyrus 1921 vor. Der 80-B wog 100 Tonnen und hatte einen 1,9 Kubikmeter großen Löffel. Er eignete sich auch bestens als Abraumbagger. Es gab ihn mit Dampf- oder mit Elektroantrieb sowie als Schürfkübelbagger. Das Modell wurde bis 1929 gebaut.
Sammlung des Autors

Obwohl Marion den ersten um volle 360 Grad schwenkbaren Bagger vor Bucyrus auf den Markt gebracht hatte, sollte der Konkurrent bald mit eigenen Modellen nachziehen. Bucyrus stellte die ersten beiden voll schwenkbaren Typen 1912 vor. Es waren der 0,5-Kubikmeter-Typ 14-B und der 0,7-Kubikmeter-Typ 18-B. Dazu kamen 1914 der 0,95-Kubikmeter-Bagger 25-B und der 1,14 Kubikmeter fassende 35-B. Alle diese Typen waren voll schwenkbar und schienengebunden, ließen sich aber auch mit Stahlrädern ordern. Schon bald nach der Einführung der Modelle 25-B und 35-B ersetzten Gleisketten die Stahlräder im Angebot. Erfolgreich waren zudem die ebenfalls um 360 Grad schwenkbaren Modelle 20-B mit 0,57-Kubikmeter-Löffel (1922), die beiden 0,76-Kubikmeter-Typen 30-B (1920) und 31-B (1926) sowie der ebenfalls 1926 vorgestellte 41-B mit 0,95-Kubikmeter-Löffel. Dazu kamen 1930 der 42-B (1,14 Kubikmeter), 1922 der beliebte 50-B (1,52 Kubikmeter), 1921 der 80-B (1,9 Kubikmeter) und 1926 der 100-B (2,28 Kubikmeter). Außer mit Dampfantrieb gab es die meisten Modelle auch mit Benzin-, Diesel- und Elektromotoren. So gab es den 50-B, der immerhin bis 1937 in Produktion blieb, in zwei dampfgetriebenen Versionen – öl-, respektive kohlebefeuert – sowie mit Diesel- oder mit Elektromotor. Welche Antriebsart zum Einsatz kam,

OBEN: BUCYRUS ERIE 50-B
Der Baggerführer im 50-B war dem Spiel der Elemente sowie Staub und Dreck fast ungeschützt ausgesetzt. Maschinenführer und Heizer hatten wahrhaftig alle Hände voll zu tun, den Bagger am Laufen zu halten. An den Hebeln unseres Fotomodells sitzt Bill Rudicill, der Besitzer der Belleview Sand and Gravel. Er ist Jahrgang 1939 und seit seinem 17. Lebensjahr im Erdbewegungs-Business. 1983 gründete er sein Sand- und Kies-Geschäft am Ohio.
ECO

UNTEN: BUCYRUS ERIE 50-B
Die Dampfversion des 50-B hatte einen Kessel, wie er auch im Lokomotivbau üblich war. Der Arbeitsdruck betrug 8,75 Kilogramm pro Quadratzentimeter. Ein Heizer hatte dafür zu sorgen, dass die Maschine stets ordentlich befeuert wurde, dass der Wasserstand und der Dampfdruck stimmten.
ECO

22 Kapitel I

hing ganz von den spezifischen Anforderungen der Kunden ab.

Abgesehen von den beiden großen Modellen 80-B und 100-B hatte Bucyrus nichts im Programm, für das Rivale Marion nicht ein Konkurrenzmodell bereithielt. Nachdem Marion 1908 die beiden voll schwenkbaren Typen Model 30 und Model 35 herausgebracht hatte, folgten Bagger mit größerer Kapazität. So wurde 1911 das 0,5 Kubikmeter fassende Model 28 vorgestellt. 1912 folgten Model 31 (0,76 Kubikmeter) und Model 36 (1,14 Kubikmeter). Ursprünglich wurden sie als Eisenbahnbagger konzipiert und optional mit Stahlrädern angeboten. Ab 1916 rüstete Marion allerdings die kleineren Modelle auch mit Raupenantrieb aus. Das erste war Model 28, es folgten bereits in Produktion befindliche Typen. Weitere waren Model 32 (1,14 Kubikmeter) und Model 37 (1,33 Kubikmeter) aus dem Jahr 1922, Type 7 (0,76 Kubikmeter) von 1926, Type 440 (0,76 Kubikmeter) von 1927 sowie Type 450 (0,95 Kubikmeter) und Type 480 (1,52 Kubikmeter) 1928. Letzterer war der größte konventionelle Dampfbagger auf Ketten, den Marion anbot, Bestseller war Model 21 (0,57 Kubikmeter) von 1919. Es wurde bis 1926 etwa 810 Mal verkauft.

Die meisten der kleineren Marion-Modelle gab es mit Dampf-, Benzin-, benzinelektrischem, Diesel-, dieselelektrischem oder mit Elektroantrieb. Außerdem ließen sie sich mit Schleppschaufel, Greifer oder Kranvorbau anstelle des Löffels ausrüsten.

Das galt freilich auch fürs Bucyrus-Programm. Zwar gab es noch Konkurrenz in Form weiterer

BUCYRUS ERIE 50-B

Der Standardlöffel für den 50-B fasste 1,52 Kubikmeter. Er ist an einem gegabelten Stiel befestigt, der an beiden Seiten des Auslegers gelagert ist. Das half die Verwindungskräfte zu minimieren, die während der Arbeitsspiele auf das Vorschubwerk wirken.

ECO

Dampfzeitalter 23

BUCYRUS 100-B
Der Bucyrus 100-B wurde 1926 vorgestellt. Mit 130 Tonnen Betriebsgewicht und einem 2,3 Kubikmeter-Löffel war er der perfekte Mehrzweckbagger. Er war von Anfang an als Raupenbagger konzipiert gewesen und ließ sich mit Dampfmaschine oder Elektroantrieb ordern. Gebaut wurde er bis 1950.
Sammlung des Autors

Hersteller, doch Marion und Bucyrus dominierten klar den Markt für Bagger. Namentlich Bucyrus unternahm damals einige strategisch wichtige Schritte, indem sich das Unternehmen Konkurrenzfirmen einverleibte und sich so eine Spitzenposition unter den nordamerikanischen Herstellern sicherte. So war die Vulcan Steam Shovel Company einer von Bucyrus' Rivalen auf dem Markt der Eisenbahnbagger. 1882 als Vulcan Iron Works gegründet, bot der Hersteller so ziemlich das gleiche Programm wie Bucyrus und verkaufte es unter dem Markennamen Giant. 1910 formierten sich Vulcan und die Bucyrus Company zur Bucyrus-Vulcan Company. Allerdings gab es Schwierigkeiten in der Unternehmensführung, und schließlich schlossen sich 1911 die Bucyrus Company, Bucyrus-Vulcan und die Atlantic Equipment Company zusammen. Sie firmierten fortan nurmehr unter dem Namen Bucyrus Company. Das nächste größere Ereignis folgte am 31. Dezember 1927, als auch die Erie Steam Shovel Company im Unternehmen aufging, das nun Bucyrus Erie Company hieß. Erie Steam Shovel, gegründet 1883 als Ball Engine Company in Erie, Pennsylvania, war ein angesehener Hersteller kleinerer Dampfbagger. Das Unternehmen stellte sein erstes Modell, den 0,57-Kubikmeter-Typ Erie-B, 1914 vor. Ihm folgte 1916 der Erie-A mit 0,38-Kubikmeter-Löffel. Beide Modelle waren voll schwenkbar und sowohl auf Schienen als auch mit Stahlrädern lieferbar. Ab 1921 wurden zudem Raupenketten angeboten. Ein Jahr später änderte sich der Name in Erie Steam Shovel Company. 1925 wurde die Serie B-2 mit dem Namen Dread-

naught mit 0,76-Kubikmeter-Löffel vorgestellt. Es war die letzte Neuentwicklung vor der Gründung von Bucyrus Erie. Diese Fusion versetzte Bucyrus in die Lage, ein viel breiter gefächertes Programm kleinerer Bagger anzubieten und ist eins der bedeutendsten Ereignisse in der Geschichte der Erdbewegungs-Industrie.

Die bis zu dieser Stelle gezeigten Bagger sind kleinere bis mittelgroße Typen, unter denen die schienengebundenen für größere Aushubarbeiten, für den Einsatz im Steinbruch sowie im Bergbau noch die größeren waren. Doch als diese Maschinen ihre Blütezeit erlebten, gab es bereits die ersten Bagger von enormer Größe, die fast ausschließlich im Kohlebergbau eingesetzt wurden. Giganten zu ihrer Zeit, sollten sie doch nur die Vorfahren der größten Bagger sein, die je gebaut wurden. Erleben Sie die gigantischen Abraumbagger.

BUCYRUS ERIE 50-B

Der alte 50-B ist der größte noch funktionstüchtige Dampfbagger mit Kohlefeuerung in den USA. Es gibt noch einen ölgefeuerten 50-B in Kalifornien, der aber nurmehr zum statischen Ausstellungsstück taugt. Vom Typ 50-B wurden bis 1937 immerhin 534 Exemplare hergestellt. *ECO*

Dampfzeitalter **25**

Kapitel II

Giganten im Tagebau

Als die Industrie zu Anfang des vorigen Jahrhunderts immer schneller wuchs, wurde auch der Bedarf an Rohstoffen immer größer. Einer der begehrtesten war Kohle, der Treibstoff der industriellen Expansion. Um an die größeren Flöze im Boden zu gelangen, wurden immer größere Bagger benötigt. Der Auftrag an die Konstrukteure klang recht simpel: Baut einen Bagger, groß genug, ohne weitere maschinelle Hilfe das Erdreich über den Flözen abzutragen. Das klang nicht weiter schwierig, es bedurfte aber zahlreicher Innovationen, eingeführt von mehreren Herstellern, um den Plan vom ganz großen Tagebau-Bagger Wirklichkeit werden zu lassen.

In dieser Zeit nahm die Entwicklung der schienengebundenen Dampfbagger zwei Wege, die zu verwandten, aber unterschiedlichen Baggerformen führten: dem Ladebagger und dem Abraumbagger. Beide entwickelten sich in den folgenden Jahren parallel zueinander. Erst wurden die voll schwenkbaren Konstruktionen eingeführt, dann setzte sich das Gleisketten-Fahrwerk durch. Die Ladebagger gab es mit normal großen oder mit extralangen Auslegern. In einigen Fällen ließen sich Modelle mit langem Ausleger auch als Abraumbagger nutzen, sie waren aber keine „richtigen" Abraumbagger. Die waren von Anfang an für diese eine Aufgabe entworfen worden. Die Entwicklung der Antriebe für die gro-

ßen Ladebagger erfolgte in mehreren Schritten vom Dampf über Elektrizität zu Benzin und Diesel und wieder zurück zu den Elektromotoren. Die Abraumbagger wurden zunächst mit Dampfmaschinen und dann gleich – und für alle weitere Zukunft – mit Elektromotoren ausgerüstet. Angesichts ihrer Größe kamen Motoren für fossile Brennstoffe gar nicht erst in Frage. Entwürfe für große Dieselmotoren lagen noch in weiter Ferne, und selbst als es sie dann gab, waren sie immer noch viel zu klein für den Einsatz im Tagebau. Nur mit Elektromotoren ließen sich die Giganten betreiben, nachdem die Tage der Dampfkraft endgültig gezählt waren.

Wie die aller Bagger, beginnt auch die Geschichte der großen Abraumbagger mit Typen auf Schienen. 1899 baute die Vulcan Steam Shovel Company zwei solcher Bagger mit besonders langem Ausleger. Bekannt als „Vulcan Phosphate Specials", waren sie die ersten Bagger mit größerer Schlagweite. Dennoch basierten sie nach wie vor auf dem bekannten Entwurf mit 200 Grad weitem Schwenkbereich.

Im Jahr 1900 erwarb sich die britische Firma John H. Wilson and Company das Verdienst, den ersten voll schwenkbaren Dampfbagger gebaut zu haben. Auf Schiene gesetzt, trug er einen 1,14 Kubikmeter fassenden Löffel an einem 24,5 Meter langen Ausleger und wog 79 Tonnen. Er war zum Freilegen von Eisenerz gebaut und sollte ein lan-

BUCYRUS ERIE 3850-B LOT II
Der größte Löffelbagger, den Bucyrus Erie je baute, war der zweite 3850-B, bekannt als Lot II. Er wurde für den Einsatz in der River King No. 6 Mine der Peabody Coal bei Freeburg in Illinois geliefert. Ausgerüstet war er mit einem 16,4-Kubikmeter-Löffel an einem 61 Meter langen Ausleger. In Dienst gestellt wurde er am 13. August 1964, die Aufnahme zeigt ihn im Mai 1967.
Bucyrus International

MARION MODEL 300

Zu den bekanntesten der frühen schienengebundenen Marion-Bagger gehörte das 1915 präsentierte Model 300. Bis 1923 wurden 74 Stück gebaut. Das entweder dampf- oder elektrogetriebene Modell führte in der Standardversion einen 4,56-Kubikmeter-Löffel und wog etwa 350 Tonnen.

Sammlung des Autors

ges und arbeitsreiches Leben haben. 54 Jahre lang war er im Einsatz. Obwohl er nach heutigen Begriffen recht primitiv war, markierte er den Beginn der Entwicklung hin zu den Giganten des Tagebaus.

Ein wichtiger Schritt für die Entwicklung der Abraumbagger war 1910 die Übernahme von Vulcan durch die Bucyrus Company, was zur Gründung der Bucyrus-Vulcan Company führte. Nun war Bucyrus in der Lage, einen eigenen Abraumbagger zu bauen. Das Modell Class 5 basierte auf Vulcan-Entwürfen und war der erste voll schwenkbare Abraumbagger in den USA. Class 5 war mit einem 1,14 Kubikmeter fassenden Löffel an einem 16,8 Meter langen Ausleger ausgerüstet. Er wurde in den Kohleminen in Pittsburg, Kansas, eingesetzt. Zwei weitere Exemplare des Typs kamen schließlich ebenfalls in diesem bedeutenden Revier zum Einsatz.

Bucyrus hatte zwar den ersten amerikanischen Abraumbagger vorgestellt. Doch es war die Marion Steam Shovel Company, die das erste US-Modell baute, das auch ein Verkaufserfolg werden sollte. Model 250 war der erste Marion-Bagger mit großer Schlagweite, der von Anfang an als Abraumbagger entworfen worden war. 1911 vollendet, trug das dampfgetriebene Model 250 einen 2,66-Kubikmeter-Löffel an einem 19,8 Meter langen Ausleger – drei Meter länger als der des im Jahr zuvor präsentierten Class 5 und mit einem mehr als doppelt so großen Löffel. Beachtliche 112 Tonnen schwer, war er zu seiner Zeit ein Riese. Den ersten übernahm die Mission Mining Company in Dan-

Kapitel II

OBEN: BUCYRUS 320-B
Der größte Bucyrus-Dampfbagger war der 320-B von 1923. Der Standardlöffel maß 6,1 Kubikmeter, das Betriebsgewicht betrug fast 440 Tonnen. Ab 1925 gab es den 320-B auch mit Gleiskettenlaufwerken. Von der Serie wurden 29 Stück mit Hochlöffel und acht mit Schürfkübel gebaut.
Sammlung Keith Haddock

UNTEN: MARION TYPE 5480
Der erste Abraum-Löffelbagger, den Marion ausschließlich mit Elektroantrieb und achtfachem Raupenfahrwerk anbot, war der Type 5480. Es gab Löffel von 9,1 bis 12,2 Kubikmeter Fassungsvermögen, das Betriebsgewicht betrug 975 Tonnen. In den Jahren 1928 bis 1932 wurden elf Löffelbagger und vier Schleppschaufelbagger der Serie gebaut.
Sammlung des Autors

Giganten im Tagebau **29**

BUCYRUS ERIE 1050-B
Unter den Gegengewicht-Modellen war der 1050-B der erfolgreichste von Bucyrus Erie. Er wurde 1941 vorgestellt, und bis 1960 wurden zwölf gebaut. Die Aufnahme entstand im September 1959 in der Vogue-Mine der Peabody Coal bei Madisonville in Kentucky. Der zehnte 1050-B wurde im Juli 1957 ausgeliefert und hatte einen 24,3-Kubikmeter-Löffel.
Sammlung des Autors

ville, Illinois. Zwischen 1911 und 1913 wurden 19 Marion Model 250 ausgeliefert.

Der schnelle Erfolg mit dem Model 250 ermunterte Marion, noch größere Abraumbagger zu entwerfen. 1912, als noch Bagger vom Typ Model 250 gebaut wurden, stellte das Unternehmen das 264 Tonnen schwere Model 270 mit 3,8-Kubikmeter-Löffel vor. Ein Jahr später folgte das 298 Tonnen schwere Model 271. Ausgestattet mit einem ebenso großen Löffel, handelte es sich eigentlich nur um eine aufgemöbelte Version des Model 270. Beide waren dampfgetrieben, rollten auf Schienen und waren voll schwenkbar. 1915 lieferte Marion ein Model 271 an die Piney Fork Coal Company in Ohio. Das Besondere: Der Bagger hatte elektrischen Antrieb und war somit der erste Abraumbagger dieser Art.

Nachdem diese Modelle langsam den Markt eroberten, schielten auch potenzielle Bucyrus-Kunden immer häufiger auf das Marion-Angebot weit größerer Maschinen. Wie sich denken lässt, nahmen das die Bucyrus-Leute nicht kampflos hin. In großer Eile gingen sie daran, einen Bagger zu entwerfen, der Marions Vorsprung beseitigen sollte und standen Tag und Nacht an den Reißbrettern. Ihre Antwort an den Rivalen waren 1912 der 160 Tonnen schwere 150-B mit 1,9-Kubikmeter-Löffel und der 220 Tonnen schwere 175-B mit 2,66 Kubikmeter großem Löffel. Diese Dampfbagger erfüllten den Wunsch vieler Bergbauunternehmer nach einem Bagger, der ausreichend groß war, im Einsatz in den großen Minen auf die Unterstützung durch einen zweiten Bagger zu verzichten. Wie die früheren Marion-Entwürfe gingen viele der neuen Modelle in die Kohlenregion im südöstlichen Kansas, so auch die ersten gebauten Bucyrus der Typen 150-B und 175-B. Das Rennen um den Titel des größten Abraumbaggers war eröffnet, und die Kontrahen-

BUCYRUS ERIE 750-B

Den 1928 vorgestellten 750-B gab es sowohl mit als auch ohne Gegengewichts-Windentrieb. Bis 1940 wurden 14 Bagger gebaut. Es gab sie mit Löffeln von 9,1 bis 18,2 Kubikmetern Fassungsvermögen. Das Bild vom September 1959 zeigt einen 16-Kubikmeter-Bagger im Einsatz in der Paradise-Mine der Pittsburg and Midway Coal Mining Company bei Drakesboro in Kentucky. Er war 1929 ursprünglich ohne Gegengewicht und mit 12,1-Kubikmeter-Löffel geliefert worden. In den 50er-Jahren wurde er nachgerüstet.
Sammlung des Autors

MARION 5600

Als Einzelstück für die United Electric Coal Company baute Marion 1929 den 5600. Er hatte einen 11,4-Kubikmeter-Löffel und brachte 1550 Tonnen auf die Waage. Eingesetzt wurde er in der Mine No. 11 im südlichen Illinois. 1957 wurde er zum Schaufelradbagger umgebaut.
Sammlung des Autors

Giganten im Tagebau

BUCYRUS ERIE 950-B

1935 stellte Bucyrus Erie den 950-B vor. Der 1250-Tonnen-Bagger hatte einen 22,8-Kubikmeter-Löffel. Zehn Stück wurden bis 1941 gebaut. Dieser 950-B wurde im April 1949 in einer Mine der Little John Coal Company in Victoria, Illinois, fotografiert. Er war im Oktober 1936 ausgeliefert worden.
Sammlung des Autors

BUCYRUS ERIE 1050-B

Dieser 1050-B mit 34,2-Kubikmeter-Löffel war der letzte aus der Serie. 1960 lieferte ihn Bucyrus Erie an die United Electric Coal Company für den Einsatz in der Banner-Mine in Illinois. 1982 verlegte ihn die Freeman United Coal Mining Company in die Industry Mine. Dort entstand im Oktober 1997 die Aufnahme.
Urs Peyer

ten hießen Marion und Bucyrus. So sollte es Jahrzehnte lang bleiben.

In den Jahren vor, während und nach dem Ersten Weltkrieg wurde immer mehr Kohle für den Betrieb der amerikanischen Stahlwerke, der Eisenbahnen und der Fabriken benötigt. Entsprechend wuchs der Bedarf an Baggern, die den Abbau zu leisten vermochten. Je tiefer das Flöz lag, desto größer musste der Abraumbagger sein. 1914 stellte Bucyrus den bald sehr erfolgreichen 225-B vor. Mit einem Betriebsgewicht von 350 Tonnen und einem 4,56-Kubikmeter-Löffel am 22,9 Meter langen Ausleger war er Marions Model 271 überlegen. Auch der erste 225-B ging nach Kansas. Er wurde an die Carney-Cherokee Coal Company in Mulberry geliefert und war der erste einer langen Reihe von 225-B. Als die Produktion 1923 eingestellt wurde, waren 90 Einheiten ins ganze Land geliefert worden. Der 225-B war nicht nur einer der populärsten Abraumbagger, sondern auch der erste Bucyrus, der sich alternativ zur Dampfkraft mit Elektroantrieb bestellen ließ. Damit holte Bucyrus 1917 den Vorsprung auf, den Marion 1915 herausgeholt hatte.

MARION 5560
Der 5560 war Marions erster Abraum-Löffelbagger mit Gegengewichtsaufzug und Zahnstangen-Vorschubwerk. Es gab zwei Serien. Die erste wurde bis 1934 mit Standardlöffel von 13,7 Kubikmetern Fassungsvermögen gebaut. Die zweite wurde von 1935 bis 1937 gebaut und war für 24,3 Kubikmeter ausgelegt. Es gab fünf aus der ersten und vier aus der zweiten Serie.
Sammlung des Autors

MARION 5561 „THE TIGER"
Das Kniegelenk-Vorschubwerk führte Marion 1940 beim 5561 ein. Der abgebildete Bagger kam 1943 zur Hanna Coal Company, einer Tochter der Pittsburgh Consolidation Coal Company, besser bekannt als CONSOL. Er erhielt den Spitznamen „The Tiger". Ihm zur Seite gestellt wurden drei weitere 5561. Sie wurden auf die Namen „The Green Hornet", „The Wasp" und „The Groundhog" getauft. Alle wurden mit 26,6-Kubikmeter-Löffeln geliefert und später auf 35-Kubikmeter-Löffel umgerüstet.
Sammlung des Autors

Giganten im Tagebau **33**

BUCYRUS ERIE 550-B

Der 550-B wurde 1936 vorgestellt. Er wog 893 Tonnen und war ausgelegt für Löffelgrößen von 8,4 bis 18,2 Kubikmetern. Nur acht Stück wurden bis 1954 gebaut. Der abgebildete 550-B wurde 1949 nach Südamerika geliefert. Das Foto zeigt ihn im November 1952 mit 14,5-Kubikmeter-Löffel in der Chuquicamata-Mine in Chile.
Sammlung des Autors

Um nun nicht vom Erzrivalen überholt zu werden, hatte Marion 1915 das Model 300 als Konkurrenten für den 225-B vorgestellt. Model 300 hatte die gleiche Kapazität wie der 225-B, wog 350 Tonnen und war mit einem 27,5 Meter langen Ausleger ausgestattet. Bis 1923 wurden 74 Stück gebaut. Model 300 und Bucyrus 225-B waren die ersten Abraumbagger, die 1919 mit elektrischen Reglern von Ward-Leonard ausgerüstet wurden. Das Ward-Leonard-System ermöglichte den Betrieb der Elektromotoren mit stets gleichem Drehmoment, unabhängig von der Drehzahl und automatisch dem aktuellen Widerstand angepasst. Unter großer Last liefen die Motoren langsamer, unter kleinerer beschleunigten sie. Das System verringerte die Gefahr durchgebrannter Motoren erheblich. Umgekehrt wirkten die Schwenk- und Windenmotoren als Bremsen und verwandelten sich in Generatoren, die dem System wieder elektrische Energie zurückführten. Das Ward-Leonard-System erwies sich als erste Wahl für die meisten Abraumbagger-Entwürfe.

1923 hatte erneut Marion die Nase vorn im Rennen um den größten Bagger. Model 350 führte einen 6,1 Kubikmeter großen Löffel an einem 27,5 Meter langen Ausleger und brachte 560 Tonnen auf die Waage. Er galt als die größte Landmaschine seiner Zeit. Model 350 ließ sich sowohl mit Dampf- als auch mit Elektroantrieb ordern. Ursprünglich für den Betrieb auf Schienen entworfen, war er ab 1925 auch mit Gleisketten zu haben. Somit war er das erste Abraumbaggermodell, das Marion mit derartigem Antrieb anbot. Bis zum Produktionsende 1929 wurden 47 Exemplare vom Model 350 gebaut.

MARION 5760 „MOUNTAINEER"
Der berühmteste der großen Abraum-Löffelbagger war der „Mountaineer". Er wurde im Dezember 1955 fertig gestellt und war der erste der so genannten Super-Stripper. Er trug einen 49,4-Kubikmeter-Löffel an einem 45,75 Meter langen Ausleger und hatte das Rekordgewicht von 2750 Tonnen. Das Bild zeigt ihn im Einsatz Ende 1956.
Sammlung Dale Davis

1924 brachte sich Bucyrus mit dem 320-B wieder gleichauf mit Marion. Der Entwurf sah einen 5,7 Kubikmeter großen Löffel vor, doch spätere Versionen erhielten 6,1 Kubikmeter fassende – wie das Konkurrenzmodell, Marions Model 350. Bis 1930 wurden 29 Stück gebaut.

Zwar dominierten die beiden amerikanischen Unternehmen Bucyrus und Marion den Markt für Abraumbagger, sie waren aber seinerzeit nicht die einzigen, die Abraumbagger bauten. Von 1923 bis 1937 stellte Ruston and Hornsby in England drei Typen her. Der größte war der Ruston 300. Vorgestellt 1924, wurden bis 1930 nur vier Exemplare gebaut. Mit einem 6,1 Kubikmeter fassenden Löffel und einem Betriebsgewicht von 390 Tonnen war er ein wenig kleiner als der Bucyrus 320-B. Wie sein amerikanisches Gegenstück war er mit Dampf- und mit elektrischem Antrieb erhältlich. Der Ruston 300, der Bucyrus 320-B und Marions Model 350 sollten als die größten Dampfbagger aller Zeiten in die Geschichte eingehen.

Unterdessen war der Dampfantrieb jedoch zum Auslaufmodell geworden. Von nun an setzten sowohl Bucyrus als auch Marion bei all ihren großen Modellen auf den Elektroantrieb.

Die nächsten bemerkenswerten Entwürfe von Marion und Bucyrus Erie (der früheren Bucyrus Company) waren der 5480 respektive der 750-B.

Giganten im Tagebau **35**

MARION 5760 „MOUNTAINEER"

Den „Mountaineer" baute Marion für die Hanna Coal Company, eine Tochter der CONSOL. Er wurde am 30. Januar 1956 in der Georgetown No. 12 Mine bei Cadiz in Ohio in Betrieb genommen.
Sammlung des Autors

Im Jahr 1922 wurde der Marion 5480 vorgestellt, ein 975-Tonnen-Bagger, der – je nach Auslegerlänge – mit 9,1 bis 12,2 Kubikmeter großen Löffeln ausgerüstet werden konnte. Er war von Anfang an auf Elektroantrieb ausgelegt und rollte auf acht Gleisketten. Bucyrus Erie konterte mit dem 922-Tonnen-Modell 750-B. Vorgestellt 1928, erwies sich der 750-B als sehr leistungsstark und bildete die Grundlage für die nächsten Abraumbagger-Modelle des Herstellers. Wie das Marion-Konkurrenzmodell führte der 750-B Löffel von 9,1 bis

MARION 5760 „BIG PAUL"

Den zweiten 5760 baute Marion für die River King Mine der Peabody Coal bei Freeburg in Illinois. Er hatte einen 53,2-Kubikmeter-Löffel an einem 42,7 Meter langen Ausleger. Seinen Namen „Big Paul, the King of Spades" erhielt er nach dem Peabody-Mann Paul Duensing, der für die Montage des Baggers verantwortlich war. Dass der sagenhafte Holzfäller Paul Bunyan Pate gewesen sei, ist eine Legende. 1964 wurde „Big Paul" zur Hawthorne-Mine nach Carlisle in Indiana verlegt.
Sammlung des Autors

36   Kapitel II

12,2 Kubikmetern. Gleisketten und elektrischer Antrieb waren ebenfalls Standard. Die beiden Entwürfe glichen einander stark, und ähnlich hoch waren auch die Verkaufszahlen. Als Marion 1932 die Produktion des 5480 einstellte, waren elf Bagger in Dienst gestellt worden. Vom 750-B wurden in seiner Grundversion bis 1930 zehn Exemplare gebaut.

Das war freilich nicht das Aus für den 750-B. Im Juni 1930 lieferte Bucyrus Erie einen modifizierten 750-B an Michigan Limestone in Rogers City, Michigan. Der Bagger war mit einem Gegengewicht am Heck ausgestattet und der erste dieser Art für Bucyrus Erie. Die Konstruktion arbeitete mit einem beweglichen Gewicht, das in der Art eines Aufzuges in einem Gitterturm auf und ab geführt wurde – abhängig von der Belastung während der Baggerarbeit. Das System erlaubte den Einsatz noch größerer Hochlöffel und half gleichzeitig Energie sparen. Diese Version des 750-B, mitunter auch als Serie II bezeichnet, war mit einem 13,7 Kubikmeter großen Löffel ausgerüstet und wog betriebsfertig 1000 Tonnen. Obwohl er bis 1940 im Programm blieb, baute Bucyrus Erie nur vier Stück dieses Typs.

Dass nur so wenige gebaut wurden, lag vor allem daran, dass Bucyrus Erie schon zur gleichen Zeit ein noch größeres Modell baute. Der 950-B war so etwas wie der große Bruder des 750-B II. Komplett ausgerüstet wog er 1250 Tonnen. Er führte einen 22,8 Kubikmeter fassenden Löffel und hatte den Gewichtsausgleich, der beim 750-B II eingeführt worden war. Neu waren ein Löffelstiel aus Stahlrohr, der sich etwas drehen ließ, um die Belastung zu verringern, Löffelvorschub mittels Seil und ein zweiteiliger Ausleger – Merkma-

BUCYRUS ERIE 1650-B

Dieser 1650-B wurde 1958 für die Sunnyhill Coal Company in New Lexington, Ohio, gebaut. Er war der zweite aus der Serie und hatte einen 49,4-Kubikmeter-Löffel an einem 41,2 Meter langen Ausleger. Später wurde er zur Allendale-Mine der Midland Electric Coal Company verlegt.
Bucyrus International

Giganten im Tagebau 37

le, die nun alle künftigen Abraumbagger des Herstellers charakterisierten. Der erste 950-B verließ das Werk im Oktober 1935 in Richtung Bicknell, Indiana, zur Shasta Coal Corporation. Bis 1941 wurden zehn 950-B gebaut.

Marions Antwort auf die Bucyrus-Modelle 750-B und 950-B war der 5560. Marion hatte bereits 1929 den 5600 vorgestellt, der größer als alles war, was Bucyrus bis dato gebaut hatte. 1550 Tonnen schwer und anfangs mit 11,4 Kubikmeter großem Löffel ausgerüstet, war er eigens für die United Electric Coal Company und für den Einsatz in einer ihrer Kohleminen im südlichen Illinois entworfen worden. Der Marion 5560, der erst später herauskam, war wiederum eine kleinere Maschine. 1932 vorgestellt, vermochte der 1160-Tonnen-Koloss einen 13,7-Kubikmeter-Löffel zu schwingen – wie der Bucyrus 750-B II. Der 5560 ließ sich optional mit einem Gewichtsausgleich ausstatten, der dem des Bucyrus Erie 750-B II entsprach. Der erste Marion 5560, der im August 1932 an die Clemens Coal Company in Pittsburg, Kansas, ausgeliefert wurde, war so ein Modell mit Gegengewicht. Im Oktober 1935 lieferte Marion ein besonders robustes Model 5560 aus, ebenfalls bekannt als Serie II. Diese Version trug an einem

BUCYRUS ERIE 1650-B DIPPER

Der 49,4-Kubikmeter-Löffel des Sunnyhill-1650-B schluckte mühelos einen Caterpillar-Dozer von respektabler Größe. Das Werbefoto entstand im November 1958.
Bucyrus International

BUCYRUS ERIE 1650-B

Dieser dritte 1650-B wurde von Bucyrus Erie für die United Electric Coal Company gebaut, die ihn in der Fidelity Mine in Du Quoin, Illinois, einsetzte. Ab März 1962 begann er offiziell seinen Dienst nachdem er im August 1961 die Fabrik bereits verlassen hatte. Der 1650-B war mit einem 64-Kubikmeter-Löffel und einem 41,15-Meter-Ausleger ausgestattet. Das Bild zeigt ihn 1962 bei schwerem Einsatz in der Fidelity Mine.
Bycurus International

32,2 Meter langen Ausleger einen 24,3 Kubikmeter großen Löffel. Dieser Bagger brachte es – wie der 5600 von 1929 – auf 1550 Tonnen. Die 5560-Serie lief 1937 aus, nachdem fünf Exemplare der Ursprungs-Version und vier der größeren Serie II gebaut worden waren.

Es sollte bis 1940 dauern, bis Marion einen Nachfolger für den 5560 fertig hatte. Der 5561 wurde zum Bestseller des Herstellers in der Klasse der Bagger mit Löffeln von mehr als 7,6 Kubikmetern. Die Löffel der 5561-Serie fassten zwischen 26,6 und 34,2 Kubikmeter, das Betriebsgewicht eines Baggers lag bei 1790 Tonnen. Beim 5561 hatte Marion eine Neuerung eingeführt. Der Löffelstil hatte ein Gelenk erhalten, an dem eine Stütze angriff, die gelenkig am Fuß des Auslegers gelagert war. Sie ragte zwischen den beiden Streben des Auslegers empor und erinnerte an das Hinterbein eines Grashüpfers. Vor allem aber nahm sie den größten Teil der Belastung vom Ausleger und erlaubte so eine leichtere Konstruktion. Bei herkömmlichen Baggern war der Löffelstil direkt am Ausleger gelagert. Der Zahnstangenmechanismus, der den Vortrieb des Löffels besorgte, war nun auf einer Kranbrücke auf dem Dach des Maschinenhauses untergebracht. Diese Konstruktion machte den Bagger erheblich beweglicher – und sie wurde auf Jahre hinaus zum Markenzeichen für die Marion-Abraumbagger.

Den ersten 5561 lieferte Marion im März 1940 an die Tecumseh Coal Corporation in Dickeyville, Indiana. Er hatte einen 26,6-Kubikmeter-Löffel und wurde schon nach kurzer Zeit nach Vinita, Oklahoma, zur Rogers County No. 2 Mine der Peabody Coal Company verlegt.

BUCYRUS ERIE 1650-B „MR. DILLON"
Der letzte in Dienst gestellte 1650-B war für die Panther-Mine der Green Coal Company bei Owensboro in Kentucky bestimmt. Ab März 1965 wurde er mit 53,2-Kubikmeter-Löffel und 41,2-Meter-Ausleger eingesetzt. Er brachte es auf 2874 Tonnen. Das Personal der Panther-Mine taufte ihre Bagger nach den Helden aus der Fernsehserie „Gunsmoke". Das Bild zeigt „Mr. Dillon" im Januar 1972.
Sammlung des Autors

Giganten im Tagebau **39**

Insgesamt wurden 17 Bagger vom Typ 5561 gebaut. Der letzte verließ das Werk im Juni 1956. Interessant ist, dass Peabody einen 5561 (den zweiten, 1940 ausgelieferten) sowie vier ältere 5560 für den eigenen Bedarf in der Bee Veer Mine in Macon, Missouri, umbaute und diese Kreuzung Peabody Type 5562 taufte. Später wurde sie in der Rogers County No.1 Mine eingesetzt. Es gibt leider keine Aufzeichnungen über die Details dieses einzigartigen Abraumbaggers.

Die moderne Technik ließ die Bagger immer größer und leistungsstärker werden. Dennoch gab es nach wie vor Bedarf an kleineren Modellen. Sowohl Mario als auch Bucyrus Erie stellten solche kleineren Typen her, deren Entwicklung von den Fortschritten bei den großen profitierte. 1936 stellte Bucyrus Erie den 890-Tonnen-Bagger 550-B vor, der

OBEN: MARION 5761
Der zwölfte der 15 Marion 5761 wurde im April 1968 für die Gibraltar-Mine der Peabody nach Central City in Kentucky geliefert. Die Aufnahme wurde um 1980 gemacht. Den letzten 5761 lieferte Marion am 31. Dezember 1970. Der Bagger der Gibraltar-Mine wurde im Februar 1984 zerstört, als er bei der Verlegung in eine neue Grube umkippte.
Peabody Energy

MARION 5761 „STRIPMASTER"
Die Peabody Coal Company erhielt den ersten Marion 5761. Er wurde im September 1959 in die Lynnville-Mine geliefert und hatte einen 49,5 Kubikmeter großen Löffel an einem 50,3 Meter langen Ausleger. Das Betriebsgewicht betrug annähernd 3800 Tonnen. Der Bagger wurde auf den Namen „Stripmaster" getauft und war bis zuletzt in der Lynnville-Mine im Einsatz. Das Foto stammt aus dem Jahr 1977.
Sammlung des Autors

mit Löffeln von 8,4 bis 18,2 Kubikmetern ausgerüstet werden konnte. Marion konterte 1941 mit dem 1020-Tonnen-Modell 5323, das Löffel von 8,4 bis 15,2 Kubikmeter Fassungsvermögen trug. Der Bucyrus 550-B hatte alle Merkmale der großen Typen: zweiteiliger Ausleger, rohrförmiger Löffelstiel und Gegengewicht-Hebezeug. Der Marion 5323 verfügte ebenfalls über die Ausstattung der großen Bagger aus dem eigenen Hause, namentlich über das neue Vorschubwerk.

Bucyrus Erie lieferte den ersten 550-B mit 12,2-Kubikmeter-Löffel im August 1936 aus, den letzten (mit 15,2-Kubikmeter-Löffel) im September 1954. Insgesamt wurden acht gebaut. 1961 endete die Produktion des Marion 5323 nach neun Exemplaren.

Getreu der Philosophie „größer ist besser" baute Bucyrus Erie als Nachfolger für den erfolgreichen 950-B den 1050-B. Er war praktisch das Konkurrenzangebot zum Marion 5561. Mit 1535 Tonnen war der 1050-B nur wenig leichter als der 5561. Die Löffelgrößen reichten von 19,8 bis 34,2 Kubikmeter. Der Entwurf des 1050-B entsprach im Prinzip dem des 950-B. Der erste wurde im Dezember 1941 für die Flamingo Mine der Fairview Collieries Corporation in Fairview, Illinois, geliefert und hatte einen 25,1 Kubikmeter fassenden Löffel. Nach einigen Jahren kam dieses Exemplar in der Elm Mine der Midland Coal Company nahe Trivoli, Illinois, zum Einsatz. Insgesamt sind zwölf Bagger des Typs 1050-B an Minenbetreiber im mittleren Westen geliefert worden, die meisten nach Kentucky und Illinois. Der letzte 1050-B trug einen 34,2-Kubikmeter-Löffel und wurde im Januar 1960 ausgeliefert. Er ging an die Banner Mine der United Electric Coal Company in Illinois, und wenn Langlebigkeit im Tagebau-Einsatz das Kriterium ist, dann war er wohl der Beste. 1982 kam der Bagger in die Industry Mine der Freeman United Coal Company in Industry, Illinois. Dort ist er seither im Einsatz – praktisch Tag für Tag bei nur

MARION 5761

So sah es aus, wenn der Marion 5761 in der Alston-Mine der Peabody in Kentucky gewartet wurde. Das Bild wurde um 1980 aufgenommen. Wurde einer der Riesenbagger für die turnusmäßigen Reparaturen stillgelegt, setzten die Betreiber alles daran, ihn so schnell wie möglich wieder in Betrieb zu setzen, denn die Standzeiten waren enorm teuer. Der Alston-Bagger war der neunte 5761 und hatte einen 57-Kubikmeter-Löffel.
Peabody Energy

Giganten im Tagebau **41**

BUCYRUS ERIE 3850-B LOT I „BIG HOG"
Der 3850-B Lot I verkörperte die hohe Schule der Ingenieurskunst. Er wog rund 9000 Tonnen und war seinerzeit die größte fahrbare Maschine der Welt. Die Peabody setzte ihn in ihrer Sinclair-Mine bei Drakesboro in Kentucky ein. Das Bild aus dem August 1962 zeigt ihn kurz vor der Vollendung auf dem Montageplatz. Wenig später sollte er sich auf den fünf Kilometer langen Weg zu seiner Grube machen.
Sammlung des Autors

ganz kurzen Ausfallzeiten. Mehr als einmal drohte diesem Bagger das Aus, doch den Minenbetreibern ist es noch jedes Mal gelungen, neue Verträge abzuschließen, und die Kumpel und ihr Bagger behielten ihre Arbeit. So hat der letzte der 1050-B wohl noch ein paar Jahre Arbeit vor sich.

An seiner Seite arbeitet übrigens ein großer Schaufelradbagger vom Typ Kolbe/Bucyrus Erie W3A. Das Besondere an ihm: Er wurde auf dem allerersten 1050-B aufgebaut, der 1981 von der Midland Coal übernommen worden war. So verfügt die Industry Mine sowohl über den letzten 1050-B als auch über den ersten, der freilich nur mehr Bestandteil einer ganz neuen Maschine ist. So lange die Industry Mine existiert, so lange wird es wohl auch den 1050-B und den W3A geben.

BUCYRUS ERIE 3850-B LOT I „BIG HOG"
Der „Big Hog" für die Sinclair-Mine hatte einen 87,4-Kubikmeter-Löffel. Die Nutzlast betrug etwa 175 Tonnen.
Sammlung des Autors

Kapitel II

Nach den Typen Marion 5561 und Bucyrus Erie 1050-B gab es eine Pause im Rennen der beiden Hersteller um den Titel des jeweils Größten und Neuesten. Die vorhandenen Modelle deckten ganz einfach den Bedarf. Das änderte sich 1956, als die Hanna Coal Company, ein Unternehmen der Pittsburgh Consolidation Coal Company (CONSOL) den Auftritt eines neuen Giganten verkündete, des Mountaineer. Hanna hatte schon vier Marion 5561 in ihren Minen um Cadiz, Ohio, im Einsatz. Doch das Unternehmen benötigte einen noch größeren Bagger. Die Antwort der Marion-Ingenieure war der Typ 5760, mit Abstand der größte Abraumbagger, den die Welt bis dahin gesehen hatte. Mit 2750 Tonnen war er ein Gigant unter den Giganten seiner Zeit. Er war der erste der so genannten Super-Stripper (stripper = Abraumbagger). Stripper waren groß, die Super-Stripper waren größer. Hanna taufte das Ungetüm Mountaineer und ließ den Namen in großen Lettern auf Seiten und Heck des Riesen schreiben. Der Zusammenbau am Einsatzort begann im Juni 1955 und war Ende Dezember vollendet. Vor Vertretern der Bergbau-Industrie und der Presse wurde der Bagger am 19. Januar 1956 in einem Festakt vorge-

BUCYRUS ERIE 3850-B LOT I „BIG HOG"

„Big Hog" war der Mittelpunkt der Sinclair-Mine. Mit seinem 64,5-Meter-Ausleger und einem 55 Meter langen Löffelstil war er imstande, Material 128 Meter von jener Stelle entfernt zu deponieren, wo er es abgetragen hatte. Die Aufnahme zeigt ihn im Januar 1983.
Sammlung des Autors

Giganten im Tagebau **43**

BUCYRUS ERIE 3850-B LOT II
Der Umzug eines Riesenbaggers von einer Grube zur nächsten ist eine logistische Herausforderung. Als der 3850-B der River-King-Mine von Peabody umziehen musste, wurde sein Weg mit 200 Polstern aus Eichenholz präpariert, von denen ein jedes 1100 Dollar teuer war. Ohne diese massiven Matten wäre der Gigant in den Boden eingesunken.
Randall Hyman

BUCYRUS ERIE 3850-B LOT II
1988 verlegte Peabody den 3850-B Lot II in eine andere Grube in der River King No. 6 Mine. Die Reise begann am 15. August und endete am 19. August. In dieser Zeit legte der Koloss anderthalb Kilometer zurück.
Randall Hyman

stellt. Danach machte sich der Mountaineer von seinem Montageplatz auf den Weg zu seiner Grube in der Georgetown No. 12 Mine. Am 30. Januar war er vor Ort und nahm die Arbeit auf.

Der Mountaineer verfügte über einen doppelten Führerstand und einen Aufzug für drei Personen. Der erste 5760 hatte einen 49,4 Kubikmeter großen Löffel an einem 45,75 Meter langen Ausleger. Es gab zwei Löffelformen, eine mit flachem Boden und eine mit rundem Vorderteil und Boden. Beide fassten 49,4 Kubikmeter oder 100 Tonnen. Nach vielen Versuchen stellte sich die Version mit gerundetem Vorderteil als die weitaus bessere heraus. Sie kam daher auch in den meisten Fällen zum Einsatz.

Abgesehen von einem Bruch des Auslegers am 26. Januar 1971, als die Endböschung zusammenbrach und Erdreich auf den Löffel stürzte, war der Mountaineer einer der zuverlässigsten Bagger der Minengesellschaft. Für die meisten ist er der berühmteste Bagger überhaupt, was er wohl auch zum Teil seinem ungewöhnlichen Namen verdankt.

In den Fußstapfen des Mountaineer folgten noch vier weitere 5760. Den zweiten lieferte Marion im April 1957 für die King Mine der Peabody Coal bei Freeburg, Illinois. Er hatte einen 53,2 Kubikmeter großen Löffel an einem etwas kürzeren 42,7-Meter-Ausleger. In Sachen Namensgebung wollte Peabody nicht hinter Hanna zurückstehen und taufte den

5760 „Big Paul, The King of Spades", also den großen Paul, König der Spaten. Nach der Auslieferung des fünften 5760 endete im April 1958 die Produktion des Typs.

Der Anblick von Marions 5760 Mountaineer mag so manchen eingeschüchtert haben. Nicht so die Ingenieure von Bucyrus Erie, die schon seit längerem an einem Rivalen für Marions Super-Stripper gearbeitet hatten, wohlbekannt als der 1650-B. Beim Entwurf hatte man sich vom beweglichen Gegengewicht der früheren Bucyrus-Bagger wieder verabschiedet. Außerdem hatte der 1650-B eine Führerkabine, die dem Baggerführer Rundumsicht auf den Arbeitsbereich gewährte. Diese Form des Führerstandes gab es nur in der 1650-B-Serie und gilt als die schönste Form der Super-Stripper.

Den ersten 1650-B orderte die Peabody Coal für ihre River Queen Mine bei Central City, Kentucky. Ausgeliefert wurde er im November 1956, sein Einsatz begann im April 1957. Der River-Queen-Bagger hatte einen 41,8-Kubikmeter-Löffel an einem 44,2 Meter langen Ausleger. Das Betriebsgewicht lag bei 2450 Tonnen. Dieser Bagger kam in vier Kohlegruben zum Einsatz. Von der River Queen Mine ging es zur Vogue Mine und von dort weiter zur Riverview. Schließlich kam der Bagger auf dem Wasser-

BUCYRUS ERIE 3850-B LOT II
Die Piste für den 3850-B wanderte mit dem Giganten zur neuen Grube. War er ein Stück weitergerollt, mussten die Eichenpakete von hinten nach vorn gebracht werden. Auf seiner Reise passierte der 3850-B einen Deich und einen Wasserlauf, musste unter einer Überlandleitung hindurch und eine Straße überqueren. Der Umzug ging ohne Schaden vonstatten.
Randall Hyman

Giganten im Tagebau   **45**

BUCYRUS ERIE 1850-B „BRUTUS"
Zu den bekannteren Baggern gehört der „Brutus", den Bucyrus Erie für die P&M baute. Minenleiter Emil Sandeen verpasste dem Riesen seinen Namen, als der 1850-B im Juni 1963 in Dienst gestellt wurde.
Bucyrus International

weg über den Green River in die Henderson County Mine No. 1 der Green Coal in Kentucky. Dort verbrachte er den Rest seines Arbeitslebens, das erst zu Beginn der 90er-Jahre endete.

Insgesamt baute Bucyrus Erie fünf Super-Stripper vom Typ 1650-B. Der Letzte wurde im August 1964 an die Green Coal für deren Panther Mine bei Owensboro, Kentucky, ausgeliefert. Er hatte einen 53,2 Kubikmeter fassenden Löffel an einem 41,2 Meter langen Ausleger und wog 2870 Tonnen – erheblich mehr als der ursprüngliche 41,8-Kubikmeter-Entwurf.

Die 1650-B zählten nie zu den Berühmtheiten unter den Super-Strippern. Obwohl sie nicht schlechter waren als Marions erster Abraum-Gigant, hatten

BUCYRUS ERIE 1850-B „BRUTUS"
Seine gesamte Einsatzzeit verbrachte „Brutus" in der Mine 19 in Hallowell in Kansas. Der 16 Stockwerke hohe Koloss hatte einen 45,75 Meter langen Ausleger und wog 5225 Tonnen. Er wurde abgestellt, als die Mine geschlossen wurde. Das Bild zeigt ihn im Juni 1963.
Bucyrus International

Kapitel II

sie in der Öffentlichkeit einfach nicht die Wirkung eines Mountaineer. Dennoch waren alle fünf Exemplare beispielhafte Konstruktionen, die lange und sehr produktiv in Kentucky, Ohio und Illinois im Einsatz waren.

1959 baute Marion eine verbesserte Version des 5760, den 5761. Er war die Antwort auf den Bucyrus Erie 1650-B und sollte zum meistverkauften Super-Stripper werden. Der 5761 war dem 5760 sehr ähnlich, verfügte aber über Löffelgrößen von 45,6 bis 57 Kubikmeter und wog rund 3790 Tonnen. Der erste 5761, den Marion an die Lynnville Mine der Peabody Coal lieferte, erhielt den Namen Stripmaster. Er führte einen 49,4 Kubikmeter großen Löffel an einem 50,3 Meter langen Ausleger. Im Januar 1968 lieferte Marion den ersten 5761 mit seilgetriebenem Vorschubwerk für die Wright Mine der Ayrshire Collieries Corporation bei Boonville, Indiana. Es war der erste Super-Stripper, den Marion mit einem solchen Vorschubwerk ausrüstete. Der letzte 5761 verließ das Werk im Dezember 1970. Er war für die Fabius Mine der Arch Mineral in Alabama bestimmt. Insgesamt wurden 15 Bagger und ein Gleisketten-Unterwagen gebaut. Den Unterwagen hatte Peabody Coal bestellt. Er sollte einen Krupp-Schaufelradbagger tragen und wurde in der Northern Illinois Mine bei Mullins eingesetzt.

Einen gigantischen Wachstumsschub hatten die Super-Stripper 1962 mit der Einführung der Serie 3850-B von Bucyrus Erie erfahren. Peabody Coal

MARION 6360 „THE CAPTAIN"
1965 stellte Marion den gigantischen 6360 vor. Mit seinem 137-Kubikmeter-Löffel war er der größte Bagger seiner Zeit. Das Bild zeigt ihn im Oktober 1965 in seinem ursprünglichen beige-braunen Anstrich in der Captain-Mine der Southwestern Illinois Coal Corporation.
Sammlung des Autors

MARION 6360 „THE CAPTAIN"
Einen weiß-blauen Anstrich erhielt der „Captain", nachdem ihn 1973 die Arch Mineral Corporation übernommen hatte. Ursprünglich für ein Betriebsgewicht von 14.000 Tonnen entworfen, brachte der Bagger am Ende fast 15.000 Tonnen auf die Waage – ein Weltrekord. Die Aufnahme zeigt den Riesen im September 1983.
Peter N. Grimshaw

hatte dieses Wunderwerk der Ingenieurskunst bestellt. Der 3850-B war schlicht und ergreifend gewaltig. Mit etwa 9000 Tonnen wog er mehr als drei Mal soviel wie der mächtige Mountaineer. Der Bagger wirkte wie ein an Land gekrochenes Seeungeheuer. 20 Stockwerke hoch, war er seinerzeit die größte landgestützte Maschine – freilich nur für kurze Zeit. In Dienst gestellt wurde der 3850-B im August 1962 in der Sinclair Mine bei Drakesboro, Kentucky. Elf Monate hatte es gedauert, ihn an Ort und Stelle zu montieren. Die Bergleute tauften ihn Big Hog. Sein Löffel fasste 87,4 Kubikmeter oder 175 Tonnen. Der Ausleger war 64 Meter lang und deckte einen Arbeitsbereich von 180 Grad ab. Der Löffel ließ sich bis auf eine Höhe von 128 Metern heben. Big Hog blieb im Einsatz, bis im November 1985 die Mine aufgelassen wurde.

MARION 6360 „THE CAPTAIN"
Der „Captain" war schlicht und ergreifend riesig. Der Ausleger war 65,6, der Löffelstiel 40,6 Meter lang. Der Raum zwischen den Raupenlaufwerken war derart groß, dass bequem Fahrzeuge selbst stattlicher Größe sicher unter ihm hindurchfahren konnten.
Peter N. Grimshaw

MARION 5860
Marion baute nur zwei Abraumbagger vom Typ 5860. Beide gingen an die Truax-Traer, eine Tochtergesellschaft der CONSOL. Sie verfügten über 60,8-Kubikmeter-Löffel und 55-Meter-Ausleger. Das Betriebsgewicht betrug 5175 Tonnen. Der erste kam 1965 in die Ember-Mine bei Fiatt in Illinois. Der abgebildete zweite wurde ab 1966 in der Burning Star No. 3 Mine bei Sparta in Illinois eingesetzt.
Sammlung des Autors

Peabody bestellte noch einen zweiten 3850-B für die River King Mine No. 6 bei Freeburg, Illinois. Diese zweite Einheit namens 3850-B Lot II unterschied sich in einigen wichtigen Details vom ersten 3850-B. So führte er an seinem etwas kürzeren 61-Meter-Ausleger einen 106,4 Kubikmeter fassenden Löffel, der 210 Tonnen Deckgestein fasste. Außerdem wog der zweite Bagger 9350 Tonnen, das war neuer Weltrekord. Am 13. August 1972 wurde er in Betrieb genommen und blieb in der River King Mine No. 6 im Einsatz, bis der Minenbetrieb im September 1992 eingestellt wurde. Es blieb bei den beiden 3850-B, allerdings war Lot II der größte Bagger, den Bucyrus Erie je gebaut hat.

Während sich der Lot II im Bau befand, arbeiteten die Bucyrus-Leute bereits an einem weiteren Super-Stripper, dem 1850-B. Obwohl er die Ausmaße des 106,4-Kubikmeter-Monsters nicht erreichte, war der 1850-B wahrhaftig ein sehr großer Bagger. Er wog 5225 Tonnen, hatte einen 68,4 Kubikmeter großen Löffel an einem 45,75 Meter langen Ausleger und war nach den Vorgaben der Pittsburg and Midway Coal Mining Company (P&M) für deren Mine 19 Hallowell, Kansas, gebaut worden. Er erhielt den Spitznamen Brutus und wurde im Mai

BUCYRUS ERIE 1950-B „SILVER SPADE"
Einer der berühmtesten Bagger von Bucyrus war der „Silver Spade". Er erhielt seinen Namen anlässlich des 25-jährigen Bestehens der Hanna Coal Company. Es war der erste Bucyrus-Erie-Abraumbagger, der die von Marion eingeführte Kniegelenk-Kinematik hatte. Das Bild zeigt ihn Ende November in der Grube bei Cadiz in Ohio.
Sammlung des Autors

MARION 6360 „THE CAPTAIN"
Der riesige Löffel des „Captain" wog leer schon 165 Tonnen. Er fasste 137 Kubikmeter und war für 270 Tonnen Nutzlast ausgelegt. Er war mit zwei Klappen ausgerüstet. Das sollte den enormen Schlag mindern helfen, mit dem die Löffelklappe sich nach dem Abladen schloss. Die vier Raupeneinheiten wurde von jeweils einem einzelnen Hydraulikzylinder gesteuert, der einen Arbeitsdruck von 350 Kilogramm pro Quadratzentimeter hatte.
Sammlung des Autors

Giganten im Tagebau **49**

BUCYRUS ERIE 1950-B „SILVER SPADE"
Der 80-Kubikmeter-Löffel des „Spade" war vielleicht nicht der allergrößte, aber immerhin von imponierendem Ausmaß. Neben dem Lastwagen im Bild fasste er mühelos auch noch einen zweiten.
Bucyrus International

BUCYRUS ERIE 1950-B „SILVER SPADE"
160 Tonnen Material fasste der Löffel des „Silver Spade", der übrigens in der Tat silberfarben lackiert war – zumindest bis zum ersten Einsatz.
Sammlung des Autors

1963 in Dienst gestellt. Brutus war von recht ansprechendem Design. In den Farben der Minengesellschaft – orange und schwarz – war er ein veritabler Blickfang, sofern sich so etwas von einem Abraumbagger sagen lässt. Allerdings zählt das Äußere wohl kaum zu den wichtigsten Eigenschaften im Bergbau-Geschäft. Nach nur elf Jahren wurde der Bagger abgestellt, als die Mine geschlossen wurde. Das war allerdings nicht das Ende von Brutus. Näheres dazu in Kapitel fünf.

1965 war ein arbeitsreiches Jahr für Marion. Das Unternehmen hatte nicht bloß einen, sondern gleich zwei neue Super-Stripper entworfen. Der Typ 5860 gehörte in die Gewichtsklasse des Bucyrus Erie 1850-B. Der zweite neue Marion war der 6360. Dass er eine Antwort auf Bucyrus Eries 3850-B Lot II gewesen sei, ist schlicht eine Untertreibung. Beim 6360 handelte es sich um nichts Geringeres als die größte fahrbare Maschine, die jemals auf Erden unterwegs war. Punktum.

Gebaut wurde der 6360 für die Southwestern Illinois Coal Corporation, die ihn in ihrer neuen Cap-

50 Kapitel II

tain Mine bei Percy, Illinois, einsetzen wollte. Er war imstande, zwei Kohle-Schichten gleichzeitig freizulegen. Dazu führte er einen 136,8-Kubikmeter-Löffel, den größten, der je für einen Bagger gebaut worden ist. Er fasste das überwältigende Gewicht von 270 Tonnen. Allein der Hochlöffel wog 165 Tonnen. Von seiner gewaltigen doppelten Kranbrücke bis hinab zu den acht jeweils 13,7 Meter langen und 4,9 Meter hohen gigantischen Gleisketten-Laufwerken – es gab kein Teil am 6360, das nicht von enormen Dimensionen gewesen wäre. Ursprünglich hatten die Konstrukteure für den größten aller Super-Stripper ein Betriebsgewicht von etwa 14.000 Tonnen errechnet. Zahlreiche Änderungen führten indes dazu, dass er schließlich 15.000 Tonnen schwer wurde. Der Weltrekord ist ungebrochen.

In Dienst gestellt wurde der mächtigste aller Bagger am 15. Oktober 1965 in der Captain Mine. Getauft wurde er auf den Namen „The Captain". Pate stand Thomas C. Mullins. Der war nur als Captain Mullins bekannt und der führende Kopf der Entwicklung der Abraumbagger zu Anfang des vorigen Jahrhunderts gewesen. Sein Sohn Bill, Vorsteher und Gründer der Mine, benannte sowohl sie als auch den Marion 6360 nach dem Vater.

BUCYRUS ERIE 1950-B
„SILVER SPADE"
61 Meter maß der Ausleger des „Silver Spade", 37,2 Meter der Löffelstil. Das verlieh dem Bagger eine enorme Schlagweite. Das Schwestermodell „GEM of Egypt" hatte einen 51,8-Meter-Ausleger und einen 31,1-Meter-Stiel. Die Luftaufnahme wurde im August 1968 gemacht.
Bucyrus International

Giganten im Tagebau   **51**

BUCYRUS ERIE 1950-B „SILVER SPADE"
Der „Silver Spade" ist der letzte der aktiven Super-Stripper. Das Bild zeigt ihn im Mai 1994 in der Mahoning Valley Mine No. 36 bei Cadiz in Ohio. Von November 1995 bis Juli 1997 war er stillgelegt. *ECO*

Ursprünglich war der Captain braun und beigefarben gestrichen gewesen, den Firmenfarben der Southwestern Illinois. Doch nachdem der Minenbetrieb 1973 an die Arch Mineral verkauft worden war, erhielt er einen neuen weißblauen Anstrich. Ende der 80er-Jahre erhielt er wiederum einen neuen Anstrich, diesmal mit einem roten Streifen. Den behielt der einzige 6360, bis er 1991 außer Dienst gestellt wurde. Während der 6360 für Schlagzeilen sorgte, hatte Marion zwei Bagger vom Typ 5860 gebaut, die weniger Aufsehen erregten. Beide waren nach der gleichen Spezifikation gebaut. Sie führten 60,8-Kubikmeter-Löffel an 54,9 Meter langen Auslegern und brachten je 5175 Tonnen auf die Waage. Sie wurden von der Truax-Traer Coal Company übernommen, die zur CONSOL gehörte. Der erste kam im Juni 1965 in die Red Ember Mine bei Fiatt, Illinois, der zweite im Juli 1966 in die Burning Star No. 3 Mine bei Sparta, Illinois. Der zweite Bagger sollte noch eine weitere Karriere erleben, nachdem er an Arch verkauft wurde. 1985 wurde er zur Basis für einen großen Schaufelradbagger namens 5872-WX. Die Schaufelrad-Konstruktion stammte von Bucyrus Erie und wurde auf das Dach des Maschinenhauses montiert. Der 5872-WX wurde ab Februar 1986 in der Captain Mine eingesetzt.

BUCYRUS ERIE 1950-B „THE GEM OF EGYPT"

Bucyrus Erie baute vom 1950-B nur zwei Exemplare. Der GEM wurde im Januar 1967 in Dienst gestellt. Er war für den Einsatz in der Egypt Valley Mine der Hanna Coal Company bei Barnesville, Ohio, bestimmt. Der 6850-Tonnen-Bagger hatte einen 98,8-Kubikmeter-Löffel an einem 51,8 Meter langen Ausleger. Das Bild zeigt ihn im November 1967.
Bucyrus International

Giganten im Tagebau **53**

MARION 5960 „BIG DIGGER"
Der Marion 5960 von Peabody hatte einen 95-Kubikmeter-Löffel an einem 40 Meter langen Stiel. Der Ausleger war 65,6 Meter lang. Der „Big Digger" hatte die gleiche hydraulische Raupensteuerung wie der 6360. Das Foto zeigt ihn Anfang 1977.
Sammlung des Autors

So bedeutsam das Jahr 1965 für Marion und sein Super-Stripper-Programm war, so wichtig wurde es auch für Bucyrus Erie. Im November, nur wenige Wochen nach der Vorstellung des neuen Marion 6360, kam der erste Bucyrus Erie 1950-B in den CONSOL-Minen bei Cadiz, Ohio, zum Einsatz. Er wurde auf den Namen The Silver Spade getauft. Der „silberne Spaten" stand für das 25-jährige Bestehen der Hanna Coal Company, die eine Tochter von CONSOL war. Der Silver Spade hatte einen 79,8 Kubikmeter großen Löffel an einem 61 Meter langen Ausleger und wog 7200 Tonnen. Er verfügte über den gleichen Kniegelenk-Löffelstiel, wie ihn Marion eingeführt hatte, und einen einteiligen Ausleger. Möglich wurde das durch ein Abkommen zwischen den beiden rivalisierenden Firmen über den Zugriff auf die Konkurrenz-Patente. CONSOL hatte für den Bucyrus-Bagger just das von Marion patentierte Vorschubwerk gefordert. Im Gegenzug durfte Marion den Seil-Vorschub von Bucyrus übernehmen, der die hauseigene Zahnstangen-Lösung ablöste. Dieses Arrangement machte den Weg frei für einige der fortschrittlichsten Baggermodelle der beiden Hersteller.

Im Februar 1967 brachte Bucyrus Erie den zweiten 1950-B in der Egypt Valley Mine der Hanna Coal Company in Barnesville, Ohio, zum Einsatz. Er wurde auf den Namen The GEM of Egypt getauft, also „die Perle Ägyptens", wobei allerdings GEM für Giant Excavating Machine, also für Riesenbagger stand. Der GEM unterschied sich vor allem in der Größe des Hochlöffels vom Silver Spade. Sein 98,8 Kubikmeter fassender Löffel trug 200 Tonnen und wurde an einem 51,9 Meter langen Ausleger geführt. Der GEM wog rund 6850 Tonnen, in den meisten Berichten ist der Wert allerdings auf 7000 Tonnen aufgerundet. Der 1950-B GEM sollte der letzte Abraumbagger sein, den Bucyrus baute.

MARION 5960 „BIG DIGGER"
Der 5960 war Marions zweitgrößter Löffelbagger. Er kam ab September 1969 in der River Queen Mine der Peabody nahe Greenville in Kentucky zum Einsatz. Er hatte einen 95-Kubikmeter-Löffel und wog 9338 Tonnen.
Peabody Energy

MARION 5900
Marion baute zwei Abraum-Löffelbagger vom Typ 5900. Der erste kam im Juli 1968 in die Lynnville-Mine der Peabody. Er wurde im November in Betrieb genommen. Der 5900 war mit einem 79,8-Kubikmeter-Löffel an einem 61-Meter-Ausleger ausgerüstet.
Peabody Energy

Giganten im Tagebau **55**

MARION 5900
Der 5900 war die größte Maschine in der Lynnville-Mine von Peabody. Er wog 6925 Tonnen, also etwa so viel wie ein Bucyrus Erie 1950-B. Das Bild wurde im Mai 1999 aufgenommen.
ECO

Die beiden letzten Marion-Entwürfe für Super-Stripper waren der 5900 und der 5960. Jeweils die ersten beiden Exemplare übernahm die Peabody Coal. Der 5900 wurde im November 1968 in der Lynnville Mine in Indiana in Betrieb genommen. Er hatte einen 79,8-Kubikmeter-Löffel und einen 61 Meter langen Ausleger und wog 6925 Tonnen. Der 5960 kam in die River Queen Mine nach Kentucky und erhielt den Spitznamen Big Digger. Er hatte einen 95-Kubikmeter-Löffel – den zweitgrößten an einem Marion-Bagger – sowie einen 65,6 Meter langen Ausleger und ein Betriebsgewicht von 9340 Tonnen. Im September 1969 ging er in Betrieb als der Bagger mit dem weltweit viertgrößten Hochlöffel. Im Gewichts-Wettstreit brachte er es auf Rang drei, war nur wenige Tonnen leichter als der Bucyrus Erie 3850-B Lot II.

Marion Power Shovel lieferte seinen letzten Abraumbagger am 30. April 1971 aus. Es war ein 5900, der zweite dieses Typs. Im Gegensatz zum ansonsten gleichen ersten 5900 war der 7250 Tonnen schwere Bagger dazu entworfen, zwei Kohleschich-

56 Kapitel II

ten auf einmal freizulegen. Er erhielt eine größere Kranbrücke und einen 64 Meter langen Ausleger. Außerdem verfügte er als erster Abraumbagger über einen Löffel mit unter Last verstellbarem Angriffswinkel. Der Löffel war am Löffelstiel drehbar gelagert – im Gegensatz zur herkömmlichen Lösung mit starr am Stil befestigten Löffel. So lag er auf dem Boden der Grube flach und ließ sich beim Vordringen gegen den Berg aufrichten, was ihn erheblich effektiver machte. Auch der erste 5900 erhielt bald den neuen Löffel.

Sein jüngerer Bruder wurde ab Oktober 1971 in der Leahy Mine der AMAX in unmittelbarer Nachbarschaft der Captain Mine eingesetzt. Dort war er bis März 1986 in Betrieb, als Bagger und Mine von der Arch übernommen wurden. Schließlich wurde er zur Grubenarbeit neben dem 6360 verlegt. Der 5900 war ursprünglich in den AMAX-Farben rot und weiß gestrichen. 1992 erhielt er den rot-weiß-blauen Anstrich der Arch.

Das Aus für die Abraum-Löffelbagger kam nicht schlagartig, aber es rückte unausweichlich näher. Und es sollten sogar Marion und Bucyrus Erie sein, die zu ihrem Ende beitrugen, indem sie jene Maschinen herstellten, die sie verdrängen sollten: die Schreitbagger mit Schürfkübel. Näheres dazu in Kapitel 5.

MARION 5900
Der Marion 5900 in der Lynnville-Mine hatte die Kniegelenk-Kinematik und ein Seil-Vorschubwerk. Der zweite 5900, der 1971 für die AMAX gebaut wurde, besaß eine etwas schmalere Brückenkonstruktion und einen längeren 64-Meter-Ausleger. Außerdem brachte er 7250 Tonnen auf die Waage. Das Bild zeigt den 5900 im Mai 1995.
ECO

MARION 5900
Der 5900 stand auf acht riesigen Raupenketten. Jede Einheit war 10,40 Meter lang und 6,40 Meter breit. Jede einzelne Kette war 2,05 Meter breit.
ECO

Giganten im Tagebau

MARION 5900

Die Position des Führerstandes gab dem Baggerführer einen exzellenten Überblick. Die wichtigsten Funktionen des Marion 5900 wurden mit nur zwei Hebeln und zwei Pedalen bedient. Mittels Handgriffen wurden Auslegerwinde und Vorschubwerk bedient, mittels der Pedale die Bewegung des Oberwagens.
ECO

MARION 5900

In den frühen 80ern erhielt der Peabody-5900 einen Löffel mit verstellbarem Angriffswinkel. Das erlaubte einen wesentlich höheren Füllungsgrad. Die Technik war zuerst 1971 beim AMAX-5900 eingesetzt worden. Den Giganten vom Kaliber des 5900 standen in der Regel Rad-Dozer zur Seite. Die flinkeren Maschinen hielten gleichsam die Grube sauber, wenn der Abraumbagger vorne in Aktion war.
ECO

MARION 5900

Im Tagebau gibt es wohl nichts Majestätischeres als einen voll aufgerichteten Löffelbagger. Bald wird es solch einen Anblick nicht mehr geben. Das Bild zeigt den Peabody-5900 in der Lynnville-Mine in seinem letzten Dienstjahr 1999.
ECO

Giganten im Tagebau **59**

Kapitel III
Ladebagger

Als sich in den 20er-Jahren des vergangenen Jahrhunderts die Dampfwolken verflüchtigten, machten Benzin-, Diesel- und Elektromotoren langsam das Prinzip des schienengebundenen Baggers überflüssig. Die Hersteller beeilten sich, anstelle der dampfgetriebenen Bagger die neuen, schnelleren und effizienteren Maschinen zu bauen, wie sie die Kundschaft verlangte. Die Ladebagger waren vielleicht nicht so groß und schwer wie die riesigen Abraumbagger. Doch sie waren mindestens so wichtig wie die spektakulären Kolosse. Jede Form hatte ihre ureigensten Aufgaben.

Der Ladebagger war das wichtigste Gerät für die kleineren und die Subunternehmer in Tief-, Hoch- und Bergbau. Bis in die frühen 60er-Jahre waren vor allem Seilbagger im Einsatz. Man muss sich vor Augen halten, dass es in dieser Zeit schlicht nichts anderes für diese Art von Arbeit gab. Frontlader mit gummibereiften Rädern gar hielten im Erdbewegungsgeschäft erst Mitte der 50er-Jahre Einzug. In den 60ern fanden dann hydraulische neben den Seilbaggern Akzeptanz. Im Bergbau waren und sind bis heute Seilbagger die erste Wahl, wenn es um Aufträge größeren Maßstabs geht. In ihrer Blütezeit gab es weltweit hunderte Hersteller. In den Vereinigten Staaten zählten Insley, Koehring, Lorain und Manitowoc zu den bekannteren Konstrukteuren

kleinerer Bagger. Für größere Steinbruch- und Bergbauunternehmer waren vor allem Northwest, Lima, Bucyrus Erie, Marion sowie P&H die richtigen Adressen. Namentlich die drei Letztgenannten sollten dominierend im Bergbaugeschäft bleiben, weil die Konkurrenz entsprechende Angebote gar nicht machte, ja gar nichts Ähnliches herzustellen vermochte.

Als die Dampfkraft verschwand, bedeutete das auch das Ende vieler jener Hersteller, die ganz auf diese Art des Antriebs gesetzt hatten. Obwohl wirklich viele Namen verschwanden, gelang es doch einigen, sich dem veränderten Markt anzupassen und weiterzumachen. Für weitere bedeutete das Überleben die Fusion mit Konkurrenten – wenn sie nicht geschluckt wurden von Größeren. Am meisten profitierten von den Umwälzungen indes zweifellos Bucyrus und Marion. In der ersten Hälfte es 20. Jahrhunderts wuchsen beide Unternehmen durch Fusionen und durch die Übernahme von Wettbewerbern und von Firmen, mit denen sie bereits zusammenarbeiteten. Beide sollten so bald die Oberhand gewinnen.

Nachdem die Bucyrus Company 1910 die Vulcan Steam Shovel Company übernommen hatte und fortan unter Bucyrus-Vulcan, ab 1911 dann nurmehr als Bucyrus Company firmierte, kamen immer mehr Firmen hinzu und rundeten mit ihren

BUCYRUS ERIE 295-B

Einer der bekanntesten elektrisch betriebenen Tagebaubagger von Bucyrus Erie war der 295-B. Das 20,5-Kubikmeter-Modell war das Rückgrat vieler Ladebagger-Flotten in aller Welt. Mit 670 Tonnen stand er in direkter Konkurrenz zum Marion 201-M von 1975. Das Bild vom Oktober 1995 zeigt einen 295-B, der in der Eagle-Butte-Mine der AMAX einen 240-Tonnen-Kipper vom Typ Caterpillar 793B belädt.
ECO

Ladebagger **61**

P&H 1200WL

1932 baute P&H die ersten Bagger mit elektrischen Ward-Leonard-Reglern. Das 3-Kubikmeter-Modell 1400WL wurde am 19. August 1932 vorgestellt, das 1,5-Kubikmeter-Modell 1200WL folgte 1933. Der 1200WL wurde bis 1935 gebaut, der größere bis 1941. Die Aufnahme zeigt den ersten 1200WL im Probebetrieb auf dem Testgelände von P&H in Milwaukee, Wisconsin.
Sammlung Keith Haddock

Produkten das Angebot ab. 1927 wurde die Bucyrus Company zur Bucyrus Erie, nachdem sie mit der Erie Steam Shovel Company fusioniert hatte. Bucyrus Erie gründete dann die Ruston-Bucyrus Ltd. im englischen Lincoln, an der Bucyrus Erie sowie die Ruston and Hornsby Ltd. die Anteile hielten. 1931 beteiligte sich Bucyrus Erie an der Monighan Manufacturing Company in Chicago, die Schleppschaufelbagger herstellte. Die neue Gesellschaft erhielt den Namen Bucyrus-Monighan. Doch wie die übrigen Zusammenschlüsse unter doppeltem Namen ging auch diese Firma 1946 ganz in der Muttergesellschaft Bucyrus Erie auf – und der alte Name verschwand. All diese unternehmerischen Manöver versetzten Bucyrus Erie in die Lage, sich auf dem Markt zu behaupten und ihn in einigen Bereichen auch klar zu dominieren.

Während Bucyrus Erie derart in die Zukunft investierte, waren die Geschäftsleute der Marion Steam Shovel Company nicht untätig geblieben. Ab 1946 hieß die übrigens Marion Power Shovel Company, denn Dampfbagger baute das Unternehmen da längst nicht mehr. 1954 übernahm Marion die Osgood Company in Marion, Ohio. 1961 kam die Quick Way Truck Shovel Company in Denver, Colorado, hinzu. Daraus wurde das Tochterunternehmen Quick-Way Crane Shovel Company. Die kleineren Quick-Way-Maschinen wurden von den Marion-Händlern vertrieben, die so ihr Angebot im Handumdrehen erheblich erweitert hatten. In je-

LIMA 1201

Ein populärer Dieselbagger für Baugewerbe und Steinbruchaufgaben war der Lima 1201 mit 2,3 Kubikmetern Kapazität. 1940 vorgestellt, blieb es bis 1959 in Produktion. Er wog rund 100 Tonnen. Das Foto aus den späten 40er-Jahren zeigt einen Lima 1201 beim Beladen eines Euclid-Kippers vom Typ FD in Hazleton, Pennsylvania.
Sammlung des Autors

LIMA 2400

Der größte der Lima-Dieselbagger war der beliebte 2400. Vorgestellt 1948, sollte er – mit zahlreichen Modifikationen – bis 1981 hergestellt werden. Das Bild von 1964 zeigt eine der frühen Versionen. Die 2400er waren typischerweise mit 4,6-Kubikmeter-Löffel ausgerüstet und wogen 218 Tonnen. Der 2400B ersetzte den ursprünglichen Entwurf 1967.
Sammlung des Autors

ner Zeit war Marion in jedem Fall imstande, den Bucyrus-Baggern, -Kranen und -Bohrgeräten jeweils ein Äquivalent entgegenzustellen. Der Wettbewerb der beiden Unternehmen wurde legendär und ähnelte dem Fords gegen Chevrolet in der Automobilbranche.

Neben den beiden großen spielten allerdings noch weitere Hersteller Schlüsselrollen auf dem Markt für Bergbau- und Steinbruchgeräte. P&H Harnischfeger, Northwest Engineering und Lima bauten ebenfalls größere Baggermodelle, die den besten von Bucyrus Erie und Marion kaum nachstanden.

Die Wurzeln von P&H reichen zurück ins Jahr 1884, als Alonzo Pawling und Henry Harnischfeger das Maschinenbau-Unternehmen Pawling and Harnischfeger gründeten. In Milwaukee, Wisconsin, stellten sie Strick- und Nähmaschinen her. 1888 begann die Produktion elektrischer Laufkrane. 1910 stellte P&H einen Grabenbagger vor, die erste Maschine dieser Art im Programm. Es dauerte auch nicht lange, bis P&H weitere Baggermodelle präsen-

Ladebagger **63**

NORTHWEST 180-D
Northwest Engineerings größter Seilbagger war der 1962 vorgestellte 180-D. Ursprünglich war er als 3,4-Kubikmeter-Modell ausgelegt. Die 1970 eingeführte Serie II hatte einen 4,6 Kubikmeter großen Löffel. Im Schnitt wogen die 180-D rund 130 Tonnen. Der abgebildete Bagger belädt im Mai 1962 einen Euclid-Kipper vom Typ R-45.
Sammlung des Autors

tierte. Der erste Schleppschaufelbagger, der 0,95-Kubikmeter-Typ Model 210, wurde 1914 gebaut. 1924 änderte das Unternehmen seinen Namen in Harnischfeger Corporation, blieb aber bis heute kurz unter P&H bekannt.

Die Jahre 1932, 1934 und 1935 waren entscheidende in der Entwicklung der P&H-Entwürfe. 1932 wurden die ersten Bergbaubagger mit Elektroantrieb und Ward-Leonard-Reglern gebaut: der 1,52-Kubikmeter-Typ 1200 WL und der 3-Kubikmeter-Typ 1400 WL. Ihnen folgte 1934 der weltweit erste als vollverschweißte Konstruktion gebaute Model 100 mit einer Kapazität von 0,3 Kubikmetern. Bis dahin waren Bagger eine Mixtur aus verschweißten und vernieteten Teilen gewesen. Im Februar 1935 schließlich lieferte P&H den ersten Model 100 aus. Mit der Einführung elektrisch betriebener und vollverschweißter Typen hatte sich P&H eine gute Position auf dem Markt für Bergbau- und Steinbruchbagger verschafft – und sollte sie bis zum Ende des Jahrhunderts und darüber hinaus verteidigen.

Einer der schärfsten Rivalen für P&H war Lima. Das Unternehmen war als Carnes, Harper and Company in Lima in Ohio gegründet worden. Seit 1877 firmierte es unter dem Namen Lima Machine Works. Zunächst stellte Lima Landmaschinen her, Sägewerkstechnik, Dampfkessel, Dampfzugmaschinen, Lokomotiven und Maschinen für die Holzwirtschaft. 1892 wurde der Firmenname nach der Fusion von Lima Machine Works und Lima Car Works in Lima Locomotive and Machine Works geändert und 1916 zu Lima Locomotive Works verkürzt. Erst ab 1928 fanden sich Bagger in den Angebotslisten des Unternehmens, nachdem Lima die

BUCYRUS ERIE 120-B
Als erster großer Schwerlast-Tagebau-Ladebagger auf zwei Raupen gilt der 120-B. Der 1925 vorgestellte Bagger hatte einen 3-Kubikmeter-Löffel und war auf Elektroantrieb ausgelegt. Ganz zu Anfang wurden allerdings auch einige wenige Modelle mit Dampfmaschinen gebaut. Der abgebildete 120-B belädt 1963 in einem Steinbruch einen 30-Tonnen-Euclid.
Sammlung des Autors

64 Kapitel III

Ohio Power Shovel Company übernommen hatte. Der erste Bagger mit Benzinmotor, der 0,95-Kubikmeter-Typ Lima 101, war eigentlich bloß ein umgetaufter Entwurf von Ohio Power Shovel, der ursprünglich als „Ohio Single-Line Gasoline Shovel" verkauft wurde. Die Ohio Shovel Company blieb bis 1934 eine Tochtergesellschaft von Lima. Dann ging sie als deren Bagger- und Kransparte ganz im Mutterunternehmen auf.

In den kommenden Jahren sollte Lima noch einige wichtige Veränderungen erleben. 1947 schlossen sich Lima Locomotive und die General Machinery Corporation zur Lima-Hamilton Corporation zusammen. 1950 wurde diese Firma Teil der Baldwin Locomotive Works, und es entstand die Baldwin-Lima-Hamilton Corporation, besser bekannt als B-L-H. 1951 kam noch die ausgesprochen angesehene Austin-Western, Herstellerin von Erdbewegungsgerät, unters Firmendach. Von nun an bot die Gesellschaft praktisch alles an außer den ganz großen Bergbau- und Steinbruchmaschinen. 1971 schließlich übernahm Clark die Programme von Lima und Austin-Western. Bis zur Einstellung der Baggerproduktion 1981 wurden die Maschinen unter dem Firmennamen Clark-Lima oder schlicht unter Clark verkauft.

Solange Lima Bagger baute, gab es eine ganze Reihe von Typen kleinerer und mittlerer Größe. In der Klasse ab 2,3 Kubikmetern bot Lima acht Modelle an. Den 1201 gab es ab 1940, den 2000 ab 1946,

BUCYRUS ERIE 190-B

In der 6-Kubikmeter-Klasse gab es in den 50er-Jahren wohl nichts Besseres als den Bucyrus Erie 190-B. 1952 vorgestellt, wurde er schnell ein Erfolg. 1968 wurde er durch das 9,1-Kubikmeter-Modell 195-B ersetzt. Das Bild vom Februar 1963 zeigt einen 190-B, der einen Euclid R-62 mit 62 Tonnen Nutzlast belädt.
Sammlung des Autors

Ladebagger **65**

BUCYRUS ERIE 71-B

Die populäre Serie 71-B stellte Bucyrus Erie 1954 vor. Das 2,3-Kubikmeter-Modell gab es mit Hochlöffel, Tieflöffel, Schürfkübel und Greifer oder als Kran. Ein 230 PS starker Detroit-Diesel 6-110 besorgte den Antrieb. Die Bagger wogen im Schnitt 94 Tonnen.
Sammlung des Autors

BUCYRUS ERIE 88-B

Unter den dieselgetriebenen Seilbaggern von Bucyrus Erie sticht der 88-B als besonders gelungen hervor. Ausgelegt für einen 3-Kubikmeter-Löffel, trugen die Exemplare der ab 1960 verfügbaren Serie II 3,8 Kubikmeter große Hochlöffel. 1962 folgte die Serie III, 1968 die 4,2-Kubikmeter-Serie IV. Der 88-B auf dem Foto von 1963 belädt einen Euclid R-45. Die 88-B waren im Schnitt 125 Tonnen schwer.
Sammlung des Autors

66   Kapitel III

den 1601 ab 1955, den 1250 ab 1957, den 1800 ab 1959, den 1850 ab 1962, den 1200 ab 1963 und den 2400 ab 1948. Die Typen eigneten sich für praktisch alle größeren Erdbewegungs-Aufgaben, inklusive dem Einsatz in Steinbrüchen. Der 2400 war darüber hinaus auch im Tagebau einsetzbar. Die erste Serie dieses Modells wurde von 1948 bis 1967 gebaut. Die Bagger hatten 4,56 Kubikmeter große Löffel und brachten es auf jeweils 180 Tonnen Betriebsgewicht. 1967 kam der 2400B mit 6,1 Kubikmeter großem Löffel und 237 Tonnen. Die Serie lief 1981 aus. 1979 gab es eine Sonderserie Clark 2400B-LS. Mittlerweile liefen die Lima-Bagger unterm Clark-Signet. Der 2400B-LS hatte einen 9,7-Kubikmeter-Löffel und damit den größten, den ein Standard-Seilbagger von Lima respektive Clark je führte. Spitze war auch des Betriebsgewicht von 254 Tonnen. Doch so eindrucksvoll der 2400B-LS daherkam, verkörperte er doch ein überholtes Konzept. Unterdessen hatten in seiner Gewichtsklasse

BUCYRUS ERIE 88-B
Der 88-B galt als der Cadillac unter den 3,8-Kubikmeter-Baggern. Das Bild zeigt einen 135 Tonnen schweren 88-B der Serie III bei der Arbeit im Jahr 1964.
Sammlung des Autors

Ladebagger **67**

MARION 4161

In den 30er- und den 40er-Jahren war der Marion 4161 ein Verkaufsschlager. Der 4,6-Kubikmeter-Bagger wurde 1935 vorgestellt und wog in der Version mit Löffel 215 Tonnen. Die Schürfkübelvariante kam auf 199 Tonnen. Er war auf Elektroantrieb ausgelegt, doch 1940 wurden zwei Exemplare mit Dampfmaschinen in die Sowjetunion geliefert.
Sammlung des Autors

MARION 191-M

Den ersten 191-M baute Marion 1951. Eine Zeitlang war es der größte Bagger auf zwei Raupen. Der Ursprungsentwurf sah einen 7,6-Kubikmeter-Löffel vor, später wurden meist 8,4 Kubikmeter große Exemplare eingesetzt. Die Dieselversion wog 386 Tonnen, die mit Elektroantrieb 355 Tonnen. Das Foto zeigt den ersten 191-M mit drei Dieselmotoren im Jahr 1951. Er ging an die Western Contracting Corporation in Sioux City, Iowa, die ihn in der Wichita Air Force Base bei Moline in Kansas einsetzte.
Sammlung des Autors

MARION 291-M
Einen weiteren Rekord stellte Marion 1962 mit dem 291-M auf, der wiederum einen neuen Größenmaßstab setzte. Er wog 1055 Tonnen und war für einen 11,4-Kubikmeter-Löffel an einem 27,5-Meter-Ausleger ausgelegt. Beide Exemplare gingen an die Peabody Coal. Mitte der 80er-Jahre kamen sie in die Rochelle-Mine bei Gillette in Wyoming, wo sie mit größeren Kohle-Löffeln nachgerüstet wurden. Das Bild wurde im Oktober 1995 aufgenommen und zeigt den Bagger mit der Nummer 101, wie er mit seinem 27,4-Kubikmeter-Löffel einen Muldenkipper belädt. Nummer 102 hatte gar einen 30,4 Kubikmeter fassenden Löffel.
ECO

Ladebagger **69**

MARION 204-M „SUPERFRONT"
Einer der interessantesten Bagger-Entwürfe Marions war der SuperFront. Das 1976 vorgestellte Modell 204-M verfügte als erstes über die neue Technik, die den Einsatz größerer Löffel bei gleichzeitig kleinerem Betriebsgewicht ermöglichte. Standard war auch ein Löffel mit variablem Anstellwinkel.
Sammlung des Autors

MARION 204-M „SUPERFRONT"
Der ursprüngliche Entwurf für den 204-M sah einen Löffel mit 19,8 Kubikmetern vor, spätere Exemplare wie dieser 775-Tonnen-Bagger verfügten über 22,8 Kubikmeter Kapazität. Der Bagger der Energy Fuels Mine in Energy, Colorado, war eines von nur zwei in den USA eingesetzten Exemplaren. 1989 wurde er an die Ulan Coal Mines Ltd. verkauft und nach New South Wales in Australien verlegt.
Sammlung des Autors

P&H 1055
Die 1055er Serie war die größte Dieselbagger-Baureihe von P&H und wurde 1950 vorgestellt. Der Standard-Löffel maß drei Kubikmeter, das Durchschnittsgewicht betrug 103 Tonnen. Der mittelgroße Bagger bewährte sich bestens im Baugewerbe und in Steinbrüchen.
Sammlung des Autors

P&H 1055B
Die 1055er Bagger von P&H verfügten über die elektrischen „Magnetorque"-Schwenkmotoren. Es gab auch eine komplett elektrisch betriebene Variante, den 1055E. Das Bild aus den frühen 60er-Jahren zeigt einen 1055B.
Sammlung des Autors

die Hydraulikbagger das Zepter übernommen. Selbst Radlader mit Gummibereifung gab es mittlerweile in dieser beachtlichen Größe. Der wirtschaftliche Niedergang Anfang der 80er-Jahre schließlich brach der 2400er Serie das Genick. 1981 wurde die Produktion von 2400B und LS eingestellt. Insgesamt waren vom ersten 2400er Modell 362 Stück gebaut worden, vom 2400B (inklusive der Schürfkübel-Version) 294. Vom LS-Modell baute Clark nur zwei Exemplare.

Ein weiterer Hersteller zuverlässiger und wirtschaftlicher Seilbagger mit langer Firmengeschichte war die Northwest Engineering in Green Bay, Wisconsin. Die Wurzeln des Unternehmens reichen zurück bis ins Jahr 1910, als die Hartman-Greiling Company gegründet wurde. Die baute zunächst Dampfkessel und bot Werkstatt-Dienste an. Von Baggern war zuerst noch keine Rede. Ab 1918 hieß das Unternehmen Northwest Engineering Works, und 1930 baute es dann den ersten Prototyp, der dem ersten Serienmodell namens 104 den Weg bereiten sollte. Der 104 hatte zwar nur einen 0,95 Kubikmeter großen Löffel, markierte aber den Neubeginn des Unternehmens als Hersteller von Seilbaggern mit Hoch- und Tieflöffeln sowie Schleppschaufeln und als Produzent von Kranen. Von da an hieß es außerdem nur noch Northwest Engineering Company.

Über die Jahre hinweg baute Northwest eine ganze Reihe beliebter Baggertypen, darunter in den frühen 30er-Jahren Model 6 und Model 8. Im Jahr 1933 wurde die Serie 80 eingeführt, die ab 1937

Ladebagger **71**

P&H 1600

Der erfolgreiche 1600 folgte 1946 der zwei Jahre zuvor eingeführten und ebenfalls sehr beliebten Serie 1400. Der 3,4-Kubikmeter-1400 und der 4,6-Kubikmeter-1600 machten P&H zu einem ernst zu nehmenden Konkurrenten für Bucyrus Erie und Marion. Der abgebildete 1600er belädt im Juni 1961 einen Euclid R-27.
Sammlung des Autors

P&H 2800XPA LR

Der erste 2800XPA kam im Juni 1988 in der Rochelle-Mine der Powder River Coal Company zum Einsatz. Er hatte einen 32,7-Kubikmeter-Löffel (später 30,4 Kubikmeter) und einen 17,7 Meter langen Ausleger. Ende 1997 baute P&H den Bagger um zu einem Kohlebagger mit größerer Schlagweite. Der LR hat einen 48,6-Kubikmeter-Kohlelöffel an einem 24,4 Meter langen Ausleger. Das Bild zeigt ihn im Oktober 1998.
ECO

dann 80-D hieß. Die Serie 80-D mit Löffel- und Schürfkübel-Seilbaggern wurde ein großer wirtschaftlicher Erfolg. Die Löffelbagger hatten zunächst 1,9, später dann 2,3 Kubikmeter Kapazität. Die Größe war perfekt für größere Bauunternehmen und kleinere Steinbrüche. Als die Serie Anfang der 80er-Jahre auslief, waren 2600 Exemplare in alle Welt ausgeliefert worden.

Für Kunden, die es lieber etwas größer hatten, bot Northwest den 180-D an. Der 1962 vorgestellte Seilbagger war das bevorzugte Modell für schwere Steinbrucharbeiten und große Bauvorhaben. Anfangs war der 180-D mit einem 3,4 Kubikmeter großen Löffel ausgerüstet. In den 70er-Jahren erhielt dann die Serie II größere Kapazitäten von 3,8 bis 4,6 Kubikmetern. Der 180-D wurde zum Klassiker und wie sein kleinerer Bruder 80-D in aller Herren Länder geschätzt. Außerdem war er das größte Seilbagger-Modell, das Northwest je anbot. Obwohl er noch 1985 in der Angebotsliste als lieferbar geführt wurde, sollte von diesem Jahr an keiner mehr gebaut werden. In seiner Gewichtsklasse gab es nur noch Hydraulikbagger.

1925 hatte Bucyrus den 120-B vorgestellt, den ersten schweren Ladebagger für den Tagebau. Der 120-B war eigens für den extrem harten Einsatz in Steinbrüchen und Gruben entworfen worden. Er hatte die Schwere und Solidität der alten Schienenbagger und verfügte dank 360-Grad-Schwenkbereichs über die Beweglichkeit der Abraumbagger.

P&H 2800XPA LR
48,6 Kubikmeter fasst der riesige Löffel des LR aus dem North-Antelope-Rochelle-Revier (der früheren Rochelle-Mine). Es ist der zweitgrößte in der Mine. Der größte fasst 60,8 Kubikmeter und gehört dem P&H 4100A LR.
ECO

P&H 2800XPB
1992 stellte P&H die modernisierte Version XPB vor. Die Nennkapazität des Löffels ist auf 35 Kubikmeter beziffert, der Ausleger misst 17,7 Meter. Das Betriebsgewicht beträgt 1120 Tonnen. Dieser XPB ist im Barrick Goldstrike bei Elko in Nevada eingesetzt. Das Bild zeigt ihn im Oktober 1998 beim Beladen eines 200-Tonnen-Kippers.
ECO

Ladebagger 73

P&H 5700LR „BIG DON"

Seine größte Baggerserie stellte P&H 1978 vor. Der 5700LR hatte einen 19-Kubikmeter-Löffel an einem 27,5 Meter langen Ausleger und wog 1775 Tonnen. „Big Don" wurde für die Captain-Mine der Arch gebaut, wo er am 24. Mai 1978 in Betrieb ging. Den Namen erhielt er nach Don McCaw, der viele Jahre an verantwortlicher Stelle für die Minengesellschaft gearbeitet hatte.
P&H Mining

P&H 5700LR

Der erste 5700LR arbeitete in der Captain-Mine, bis er im Dezember 1991 in die Ruffner-Mine der Arch of West Virginia verlegt wurde. Dort erhielt er einen kürzeren Ausleger und einen 33,4-Kubikmeter-Löffel. Das Bild zeigt ihn im Oktober 1991 in der Captain-Mine.
P&H Mining

P&H 5700
Der zweite 5700 ging in die Hunter Valley Mine der Bloomfield Collieries in Australien. Das Werk verließ er im Januar 1981, in Dienst gestellt wurde er im Juni. Das Bild zeigt ihn mit seinem 45,6-Kubikmeter-Löffel und seinem 21,3-Meter-Ausleger beim Beladen eines Terex 33-15B mit 170 Tonnen Nutzlast.
P&H Mining

Ursprünglich für einen 3-Kubikmeter-Löffel entworfen, hatten spätere Modelle 3,8 Kubikmeter Fassungsvermögen. Die meisten wurden von Elektromotoren angetrieben. Einige wenige wurden allerdings noch mit Dampfmaschinen ausgeliefert. Die Kunden mochten sich wohl, ob aus finanziellen oder prinzipiellen Gründen, nicht vom Althergebrachten trennen. Der 120-B blieb bis 1951 in Produktion, und es wurden 400 Exemplare ausgeliefert. Die Bagger waren derart robust und zuverlässig, dass einige noch in den 70er-Jahren in Betrieb waren.

Bucyrus (Bucyrus Erie seit 1927) setzte die Produktion von Tagebau-Baggern mit mehr als 2,3 Kubikmetern fort und bot eine große Zahl von Modellen an. Dazu gehörten der 2,3-Kubikmeter-Typ 100-B (1926), der 3,8-Kubikmeter-Typ 110-B (1950), der 4,6-Kubikmeter-Typ 150-B (1951), der 9,1-Kubikmeter-Typ 155-B (1975) und der 4,9 Kubikmeter fassende 170-B (1929). Außerdem erwähnenswert sind der 190-B von 1952 (6,1 Kubikmeter), der 195-B von 1968 (9,1 Kubikmeter), der 270-B von 1960 (6,1 Kubikmeter), der 280-B von 1962 (11,4 Kubikmeter), der 290-B von 1979 (15,2 Kubikmeter) und der 295-B von 1972 (20,5 Kubikmeter). Der 295-B war weltweit einer der populärsten Tagebau-Bagger. Es gab ihn mit Löffeln von 16,7 bis 34,2 Kubikmetern Fassungsvermögen. Gebaut wurden außerdem die Versionen 295-BI (1980), BII (1981) und BIII (1993).

Als die elektrisch betriebenen Tagebau-Modelle immer größer wurden, um den Bedürfnissen der Industrie gerecht zu werden, schob Bucyrus dieselbetriebene Modelle nach, um die so entstandenen Lücken am unteren Ende des Programms zu schließen. Kleinere Modelle wurden vor allem im Bauge-

Ladebagger

P&H 5700XPA
Schlicht gewaltig ist der 5700XPA mit seinem Gewicht von gut 2100 Tonnen. Er hält den Größenrekord für Ladebagger auf zwei Raupen. Der Löffel fasst 43,7 Kubikmeter, der Ausleger ist 21,3 Meter lang. Dieser zweite XPA begann im Juli 1991 mit der Arbeit in der Hunter-Valley-Mine in New South Wales in Australien. Er ist einer von nur zwei gebauten Exemplaren.
P&H Mining

werbe gebraucht. In der Klasse ab 2,3 Kubikmetern rangierten der 2,3-Kubikmeter-Typ 61-B (1963), der gleich große 71-B (1954), der 3,4-Kubikmeter-Typ 84-B (1964) und der legendäre 3-Kubikmeter-Typ 88-B von 1946. Der 88-B stand in direkter Konkurrenz zum 180-D von Northwest Engineering und – wenn auch nicht so unmittelbar – zum Lima 2400. Obwohl der Lima größer war als der 88-B, waren beide für Minenbetreiber im gleichen Maße interessant. Der 88-B wurde mehrmals weiterentwickelt. 1960 kam die 3,8-Kubikmeter-Serie II, 1962 die Serie III mit gleich großem Löffel und 1968 die 4,2-Kubikmeter-Serie IV. Für 1980 war noch eine 5,1-Kubikmeter-Auflage geplant, die dann aber nicht mehr verwirklicht wurde. Als 1984 der letzte 88-B ausgeliefert wurde, waren 617 Stück gebaut

worden. Die Zahl enthält alle Versionen inklusive der mit Schleppschaufel. Viele Fans der Bucyrus-Erie-Bagger halten den 88-B für den ausgewogensten und besten Dieselbagger des Herstellers.

Von den 20er- bis in die 70er-Jahre des vorigen Jahrhunderts baute auch Marion Power Shovel hervorragende schwere Bergbau- und Steinbruchbagger. 1922 wurde der erste mittelgroße Tagebaubagger vorgestellt. Model 37 hatte einen 1,3 Kubikmeter fassenden Löffel. Er stand auf einem Unterwagen mit Gleisketten und war ursprünglich für den Betrieb mit Dampfkraft ausgelegt, wurde jedoch auf Elektroantrieb umgerüstet und erfuhr weite Verbreitung im Bergbau. Mehr als 330 Exemplare des Typs sollten bis zum Produktionsstopp 1929 gebaut werden.

BUCYRUS ERIE 395-B

Der 395-B ist ein langlebiger Geselle im Bucyrus-Programm. Vorgestellt wurde er 1980. Dieser 27,4-Kubikmeter-Bagger wurde 2001 in der Base-Mine von Syncrude fotografiert, als er einen Caterpillar 793B mit 240 Tonnen Nutzlast belud. Ursprünglich hatte Syncrude Ende 1985 vier 395-B erhalten, drei davon arbeiten noch, darunter der abgebildete.
Keith Haddock

MARION 301-M

Im Juli 1986 lieferte Marion den ersten 301-M an die Mt.-Newman-Mine bei Pilbara in West-Australien. Er hatte einen extrarobusten 27,4-Kubikmeter-Löffel und einen 16,5 Meter langen Ausleger. Das Bild zeigt den Prototyp im ersten Monat seines Einsatzes in Australien.
Sammlung des Autors

Ladebagger

MARION 301-M
Der erste 301-M für den Einsatz in den USA ging zur Belle Ayr Mine der AMAX in Wyoming. Er wurde im März 1991 mit einem 41-Kubikmeter-Löffel und 85 Tonnen Kapazität in Dienst gestellt. Der Ausleger war 18,3 Meter lang, das Betriebsgewicht lag bei 1150 Tonnen. Den im Oktober 1995 fotografierten Unit Rig Lectra Haul MT-4000 mit 240 Tonnen Nutzlast bekam er mit nur drei Ladespielen voll.
ECO

Mit seinem 120-B mit 3-Kubikmeter-Löffel hatte Bucyrus 1925 einen Vorsprung vor Marion auf dem Markt für große Tagebaubagger erreicht. Es sollte bis 1927 dauern, bis Marion mit dem 4160 ein eigenes Gerät dieser Größenordnung baute. Bis dahin war Marions größtes Angebot der 1926 eingeführte 490 mit 1,7 Kubikmeter großem Löffel gewesen. Der 4160 war nun mindestens so modern wie der Bucyrus und einer der größten unter den Tagebaubaggern mittlerer Kategorie der 30er-Jahre. Er wurde schließlich vom ungemein erfolgreichen 4161 ersetzt, den es ab 1935 gab. Mit 4,6-Kubikmeter-Löffel wurde er schnell zum Star in den Kupferminen im Südwesten der USA und in vielen Erzminen rund um den Globus. Das Modell war für Elektroantrieb ausgelegt. Einige Exemplare wurden ab 1940 eigens für den Einsatz in der Sowjetunion auf Dampfantrieb umgebaut. Insgesamt verließen 206 Bagger der 4161er Serie das Werk.

Marion baute wie der Rivale Bucyrus viele erfolgreiche Bagger in der Klasse ab 2,3 Kubikmetern. Zu den bemerkenswerteren Modellen zählten der 4121 von 1934 (2,3 Kubikmeter), der 4162 von 1937 (3,6 Kubikmeter), der 101-M von 1953

MARION 301-M
Die 301-M-Modelle gehören zu den besten, die Marion je baute. Alle 14 Exemplare sind nach wie vor im Einsatz. In den Vereinigten Staaten betreibt die RAG Coal West drei Exemplare, zwei in der Eagle-Butte-Mine und den abgebildeten in der Belle Ayr.
ECO

78 Kapitel III

(2,3 Kubikmeter), der 111-M von 1946 (3,4 Kubikmeter), der 151-M von 1945 (4,6 Kubikmeter), der 181-M von 1956 (6,8 Kubikmeter), der 182-M von 1966 (7,6 Kubikmeter), der 183-M von 1956 (6 Kubikmeter) und der rekordverdächtige 191-M von 1951 (8,4 Kubikmeter). Besonders der 191-M ragte aus den Reihen der Marion-Modelle heraus. Seinerzeit war er der größte Tagebaubagger auf zwei Raupenketten. Die meisten Modelle hatten Elektromotoren, fünf aber wurden mit Dieselmaschinen ausgeliefert. Der 191-M blieb bis 1989 in Produktion, und mit 157 Exemplaren war er ein Verkaufserfolg.

Marion schuf 1962 erneut einen Weltrekord-Tagebaubagger. Der 291-M wog 1055 Tonnen und war wiederum der größte seiner Art auf zwei Ketten. Der Entwurf sah einen 27,5-Meter-Ausleger sowie einen 11,4 Kubikmeter großen Löffel vor. Er wurde auch mit 20-Meter-Ausleger und 19-Kubikmeter-Löffel angeboten, so aber nie gebaut. Am Ende wurden es ohnehin nur zwei 291-M. Beide gingen an die Peabody Coal. Der eine wurde 1962 in die Sinclair-Mine nach Kentucky geliefert, Nummer zwei kam im Jahr darauf in die Lynnville Mine nach Indiana. Später wurden beide ins Powder-River-Revier nach Wyoming verlegt. Dort kamen sie in der Rochelle Mine der Powder River Coal zum Einsatz, einer Tochtergesellschaft von Peabody. Sie wurden mit größeren 27,4- respektive 34,2-Kubikmeter-Löffeln nachgerüstet.

1975 stellte Marion seine Serie 201-M vor. Mit einer nominellen Kapazität von 18,2 Kubikmetern – das Angebot reichte von 13,7 bis 30,4 Kubikmetern – stand der 201-M in direkter Konkurrenz zum Bucyrus Erie 295-B. Beide waren in der Größe vergleichbar, der Marion wog mit 676 Tonnen sechs mehr als der Rivale. Spätere Versionen der beiden Modelle sollten noch erheblich größer sein. Den letzten 201-M lieferte Marion Anfang 1990 aus.

Einen revolutionären Baggerentwurf stellte Marion 1970 vor. Der 204-M SuperFront war radikal neu konstruiert. Er führte einen größeren Löffel, war erheblich leichter und hatte einen wesentlich günstiger gelagerten Schwerpunkt. Vor allem aber ließ sich der Angriffswinkel des Löffels verstellen. Dessen Größe variierte zwischen 15,2 und 34,2 Kubikmetern. Betriebsbereit wog der SuperFront 775 Tonnen.

Die Entwicklung des SuperFront ging auf das Jahr 1967 zurück. Damals hatten Marion-Ingenieure ei-

MARION 301-M

Der dritte 301-M, der für den Einsatz in den USA gebaut wurde, ging an die Cyprus Mountain Coal Corporation für deren Starfire-Mine in Bulan, Kentucky. Er war mit einem 42,6-Kubikmeter-Löffel ausgerüstet und benötigte für einen 170-Tonnen-Kipper zwei, für einen 240-Tonner drei Ladespiele. Das Bild zeigt ihn im August 1995.

ECO

Ladebagger 79

MARION 301-M

1996 kam der 301-M aus der Starfire-Mine in die Belle-Ayr-Mine der AMAX südlich von Gillette, Ohio. Dort erhielt er einen zweiten Führerstand. Das Bild zeigt ihn im Oktober 1998. Anfang 2001 verlegte ihn der neue Eigner RGA Coal West in die Eagle-Butte-Mine nördlich von Gillette.
ECO

nen 101-M mit neuer Ausleger-Geometrie sowie einem 3,8-Kubikmeter-Löffel nachgerüstet. Testresultate flossen in den Bau eines größeren Prototyps mit der Bezeichnung 194-M mit ein. 1972 baute Marion den ersten 194-M aus einem 191-M der Reserve Mining Company in Minnesota. Der Bagger erhielt einen 12,2 Kubikmeter großen Hochlöffel. Ein zweiter 191-M wurde bei der Cyprus-Pima Mining Company in Arizona entsprechend umgebaut. Nach ausgiebigen Tests wurde 1974 das erste Serienmodell des SuperFront als 204-M angekündigt. Die ersten Exemplare wurden in Lizenz bei der japanischen Sumitomo Heavy Industries für einen Tagebau in der Sowjetunion gebaut. Eine Eigenart dieses Modells war das hydraulische Vorschubwerk, das einen Löffel von 19,8 Kubikmetern führte. Spä-

tere Exemplare hatten wieder Seil-Vorschub und 22,8 Kubikmeter große Löffel. Binnen fünf Jahren gingen zehn SuperFront in die UdSSR. Erst 1979 wurden die ersten 204-M in den USA ausgeliefert.

Der SuperFront-Entwurf war ein kühnes Projekt der Ingenieure gewesen, um es vorsichtig auszudrücken. Immerhin barg die komplizierte Konstruktion die Gefahr, dass auch mehr Dinge schief gehen konnten. So hatten die SuperFront auch in der Tat ein paar Macken, bewährten sich im Einsatz aber dennoch hervorragend. Doch in den Augen der Bergbau-Industrie brachten die deutlichen Innovationen keinen entsprechend deutlichen Vorteil gegenüber Baggern herkömmlicher Bauweise. So wurden insgesamt nur 17 Exemplare der Serie 204-M gebaut. Die letzten 25,8-Kubikmeter-Bagger wurden 1987 und 1988 für den

BUCYRUS ERIE 495-BI
Mitte 1996 wurde der 495-BI vorgestellt. Es handelte sich um eine verbesserte Ausgabe des 495-B, den es bereits seit 1990 gab. Das Foto zeigt den ersten BI im Juli 1996 im Dienste der Colowyo Coal bei Meeker in Colorado.
ECO

Einsatz in einer Kupfermine der Ok Tedi Mining Ltd. nach Papua-Neuguinea geliefert.

Neben Bucyrus Erie und Marion bot auch P&H eine große Zahl von Modellen mit Löffeln ab 1,9 Kubikmetern an, die entweder mit Diesel- oder mit Elektromotoren oder aber dieselelektrisch betrieben waren. Zu den ersten zählten 1929 die Typen Model 850 und Model 860 (beide mit 2,3-Kubikmeter-Löffel) sowie Model 870 (2,7 Kubikmeter). Bereits 1928 waren die 2,7-Kubikmeter-Modelle 900 und 900A erschienen. 1940 kam die erste Version des Model 955 (1,9 Kubikmeter). Weitere P&H-Modelle waren der 1025 von 1958 (2,3 Kubikmeter), der 1025A von 1960 (2,5 Kubikmeter), der 1055 von 1938 (2,3 Kubikmeter) und der 1055E von 1950 (2,7 Kubikmeter und Elektroan-

BUCYRUS ERIE 495-BI
Der erste 495-BI hatte ursprünglich einen 45,6-Kubikmeter-Löffel. Nach wenigen Monaten wurde er auf einen 42,6-Kubikmeter-Löffel umgerüstet. Er hat einen 19,5 Meter langen Ausleger und ein Betriebsgewicht von 1225 Tonnen.
ECO

Ladebagger **81**

MARION 351-M
Der größte Kohlen-Ladebagger der Welt ist der Marion 351-M. Gebaut wurde er für die Black-Thunder-Mine der Thunder Basin Coal Company bei Wright in Wyoming. Er hat einen 63,8-Kubikmeter-Löffel und einen 22,9-Meter-Ausleger und wiegt 1335 Tonnen. Er verfügt über zwei Führerstände und wurde im Juni 1996 in Dienst gestellt.
ECO

RECHTS: MARION 351-M
Der dritte und letzte 351-M war für die Fording River Coal in Elkford in der kanadischen Provinz British Columbia bestimmt. Er wurde am 29. Juli 1996 mit 42,6-Kubikmeter-Löffel, 18,3-Meter-Ausleger und 1250 Tonnen in Dienst gestellt. Auf dem Foto von 1996 belädt er einen Dresser 830E Haulpak mit 240 Tonnen Nutzlast.
Bucyrus International

trieb). Mit Ward-Leonard-Reglern ausgerüstet waren der 1225WL von 1936 (1,7 Kubikmeter), der 1250WL von 1937 (1,9 Kubikmeter), der 1300WL von 1935 (2,3 Kubikmeter) und der 1500WL von 1942 (3,8 Kubikmeter). Das modernere Angebot elektrisch betriebener Bagger von P&H, wie wir es heute kennen, hat seine Ursprünge im 1400 von 1944 (3,4 Kubikmeter) und dem 1600 von 1946 (4,6 Kubikmeter). Äußeres und Leistungsprofil sollten bestimmend für die folgenden Jahrzehnte bleiben. Erwähnt werden sollten der 1500 von 1951 (3,8 Kubikmeter), der 1800 von 1955 (6,1 Kubikmeter), der 1900 von 1964 (8,4 Kubikmeter) und der 2100 von 1963 (9,1 Kubikmeter). Die 1956 respektive 1961 angekündigten Serien 1700 (5,3 Kubikmeter) und 2000 (7,6 Kubikmeter) wurden nicht gebaut. Ab Ende der 40er- und in den 50er-Jahren zählten zum P&H-Angebot auch dieselelektrische Bagger, die ohne externe Stromversorgung auskamen. Dazu gehörten der 1300DE mit drei und der 1400DE mit 3,4 sowie der 1500DE mit drei Kubikmeter großem Löffel.

Der wohl spektakulärste der elektrisch betriebenen P&H-Bagger war der 2800. Der erste kam 1969 zum Einsatz und war in Sachen Kapazität mit seinem 19-Kubikmeter-Löffel der damals größte Tagebaubagger auf zwei Raupenketten. Mit einem Betriebsgewicht von 906 Tonnen etwas kleiner als die beiden 1055 Tonnen schweren Marion 291-M, trug er dennoch einen größeren Löffel. Außerdem waren die Bagger der Serie 2800 die ersten des Herstellers, die mit dem hauseigenen Electrotorque-System zur Umwandlung von Wechsel- in Betriebs-Gleichstrom ausgerüstet waren. Die ersten vier Exemplare wurden für die Kaiser Resources gebaut und ins Balmer-Revier in der kanadischen Provinz British Columbia geliefert. Noch heute ist einer der 2800 in der Mine im Einsatz, die heute als Elkview Mine der Teck Corporation gehört.

Kurz nach der Vorstellung des 2800 präsentierte P&H 1972 die etwas kleinere Serie 2300 mit 16,7-Kubikmeter-Löffel und einem Betriebsgewicht von 650 Tonnen. Es gab Varianten mit 20,5 Kubikmeter großem Löffel (der 2300XP von 1981), mit 21,3

Kapitel III

Ladebagger 83

BUCYRUS 595-B
Nachdem Bucyrus International Marion übernommen hatte, vertrieb das Unternehmen den 351-M als 351M-ST, 1999 änderte es den Namen dann in 595-B. Kunde war bisher nur die Suncor Energy, die ihre 1300-Tonnen-Bagger mit 43,3-Kubikmeter-Löffel nördlich von McMurray in Alberta einsetzt.
ECO

P&H 4100
1991 stellte P&H die Serie 4100 vor. Er erwies sich schnell als großer Erfolg. Der Standardlöffel war 42,6 Kubikmeter groß, der Ausleger maß 18,3 Meter. Das Betriebsgewicht betrug 1175 Tonnen. Dieser 4100 ist im Oktober 1995 in der Caballo-Mine der Powder River Coal südlich von Gillette, Wyoming, im Einsatz.
ECO

(2300XPA, 1989) und mit 25,1 Kubikmeter großem Löffel (2300XPB, 1994).

Wie die Bagger der 2300er Serie wurden auch die der Serie 2800 immer größer. 1982 wurde der 22,8-Kubikmeter-Bagger 2800XP vorgestellt. 1992 kam der größte Bagger der Serie heraus, der 2800XPB mit 35 Kubikmeter Fassungsvermögen. Der war in Standard-Ausführung 1121 Tonnen schwer. Gegen Ende der 70er-Jahre zog P&H ein weiteres As aus dem Ärmel. Der 5700 war der nächste Rekordbagger auf zwei Raupenketten und ließ selbst den Marion 291-M wie einen Zwerg dastehen. 1978 wurde er vorgestellt. Das erste Exemplar war ein 5700LR (für „longrange", also große Schlagweite) mit 19-Kubikmeter-Löffel und 27,5-Meter-Ausleger. Das Spektakulärste am 5700LR war seine schiere Masse. Betriebsbereit brachte er 1775 Tonnen auf die Waage. Gebaut worden war er für die Captain Mine der

P&H 4100A
Dieser 4100A ist auf dem Weg zu einer neuen Grube im North-Antelope-Rochelle-Revier im Powder-River-Becken. Sein Stromversorgungs-Kabel trägt er am Löffel vor sich her. Dieser Bagger mit der Nummer 107 wurde Ende 1996 ausgeliefert und hat einen 42,6-Kubikmeter-Löffel.
ECO

P&H 4100A
Die modernisierte A-Version stellte P&H 1994 vor. Er hat einen etwas längeren 19,5-Meter-Ausleger, einen verstärkten Löffelstiel sowie verschiedene Verbesserungen im elektrischen wie im mechanischen System. Das Betriebsgewicht stieg auf 1335 Tonnen. Das Bild zeigt den 4100A in der Kemmerer-Mine der P&M in West-Wyoming im Mai 2002. Der Bagger ist 1996 ausgeliefert worden.
ECO

Ladebagger

P&H 4100A
Als 50. Bagger der 4100er Serie wurde Nummer 518, ein 4100A, im Juli 1996 zur Mission-Mine der ASARCO bei Sahuarita in Arizona geliefert. Er hat einen 45,6-Kubikmeter-Löffel und ist hier im September 1996 zu sehen.
ECO

Arch of Illinois, wo bekanntlich auch der größte Löffelbagger überhaupt, der Marion 6360, im Einsatz war. Der 5700LR erhielt den Spitznamen „Big Don" und hatte zunächst einen grünen Anstrich. Im Dezember 1991 wurde er in die Ruffner Mine der Arch of West Virginia verlegt. Dort erhielt er einen kürzeren Ausleger und einen 33,4 Kubikmeter großen Löffel. 1999 wurde er mit dem damals modernsten digitalen Steuerungssystem nachgerüstet, das P&H im Programm hatte. Das machte Big Don nicht nur leistungsfähiger, sondern verlängerte auch seine Einsatzzeit erheblich.

P&H baute noch vier weitere 5700. Der zweite – mit 45,6-Kubikmeter-Löffel – wurde 1981 ins Hunter-Valley-Revier der Bloomfield Collieries nach Australien geliefert. Der dritte wurde auf einen Lastkahn montiert und 1987 an die Great Lakes Dredge and Dock Company geliefert. Er wurde auf den Namen Chicago getauft und ließ sich sowohl mit 21,3-Kubikmeter-Schaufel oder mit einem Greifer von 38 Kubikmetern ausrüsten. Nummer vier und fünf der Serie erhielten die Typbezeichnung 5700XPA. Sie hatten 43,7 Kubikmeter große Löffel und waren für Australien bestimmt. Kaum glaubliche 2100 Tonnen schwer, blieben sie die größten Zweiraupen-Bagger der Welt. Nummer vier erhielt Ende 1990 R.W. Miller and Company für den Einsatz in der Mount Thorley Mine bei Newcastle in New South Wales, Australien. Alle Bagger der Serie sind nach wie vor im Einsatz – bis

auf den Chicago. Der geriet am 5. Oktober 1996 in Seenot, als er zum Einsatz vor der dänischen Küste geschleppt werden sollte. Knapp hundert Kilometer vor dem Hafen von Esbjerg schlugen hohe Brecher über ihm zusammen und brachten ihn zum Kentern. Der 5700 sank auf den Grund der Nordsee und fand dort sein nasses Grab. Eine Bergung wäre zu teuer gewesen.

Die 5700er Serie war nicht so erfolgreich wie ihre Erbauer sich das erhofft hatten. Der Bagger war eigentlich eigens zum Beladen einer neuen Generation von extrem großen Muldenkippern wie dem Terex 33-19 Titan mit 350 Tonnen Zuladung entworfen worden. Doch die Rezession Anfang der 80er-Jahre ließ den Markt für solche Fahrzeuge zusammenbrechen. Ohne einen entsprechend großen Kipper war der 5700 im Grunde überflüssig geworden. Bis sich die Wirtschaft wieder erholt hatte, gab es längst leichtere und agilere Bagger mit den Leistungen des 5700, darunter auch Entwürfe aus dem eigenen Hause.

Bis dahin hatten sich die Großen Drei – Bucyrus Erie, Marion sowie P&H – den Markt für große Tagebaubagger schon seit einem Vierteljahrhundert praktisch geteilt. Zwar wurden auch in Russland und in China Tagebaubagger gebaut. Die waren aber in erster Linie für den jeweils eigenen Markt gedacht und spielten auch nicht in der gleichen Liga wie die Giganten aus den USA, die obendrein den Stand der Technik repräsentierten.

P&H 4100A

Nur wenige Wochen nach Nummer 518 stellte die ASARCO ihren zweiten 4100A mit der Nummer 519 in Dienst. Er hat ebenfalls einen 45,6-Kubikmeter-Löffel. Das Foto zeigt ihn im Oktober 1998 in der Mission-Mine.
ECO

Ladebagger **87**

P&H 4100A
Mit unermüdlicher Kraft frisst sich der große Seilbagger in den Berg. Der 4100A mit 44,8-Kubikmeter-Löffel wurde im Juni 2000 in der Caballo-Mine im Powder-River-Becken fotografiert.
ECO

P&H 4100A
Der 4100A hat einen versetzt angeordneten Führerstand, der einen besonders guten Überblick erlaubt. Ein guter Baggerführer benötigt für ein Ladespiel 30 Sekunden und weniger.
ECO

88　Kapitel III

In den 80er-Jahren war eins der Topmodelle der Bucyrus Erie 395-B. Vorgestellt 1979, wurde der erste allerdings erst 1980 in Betrieb genommen. Die Nenn-Kapazität betrug 25,8 Kubikmeter. In diesem Modell verwendete Bucyrus Erie auch zum ersten Mal seine neuen ACUTROL-Wechselstrommotoren anstelle der üblichen Gleichstrom-Aggregate. Mit einem Betriebsgewicht von 916 Tonnen stand er in direkter Konkurrenz zum P&H 2800. Den Prototyp des 395-B setzte die Anamex Mining Company in der Twin Buttes Mine bei Tucson in Arizona ein. Es folgten Varianten wie der 395-BII (1989) und der BIII (1995).

Auf die neuen Angebote von Bucyrus Erie und P&H in den 80er-Jahren reagierte Marion mit einem eigenen Schwergewicht. Der 301-M sollte ein ernst zu nehmender Konkurrent für den Bucyrus Erie 395-D und den P&H 2800XP sein. In den frühen 80ern hatte es die finanzielle Lage Marion nicht gestattet, die beiden Rivalen zu übertreffen. Mit dem 301-M zog der Hersteller jedoch wieder gleichauf. Die ersten Bagger des Typs wogen 1047 Tonnen, spätere Versionen brachten es auf 1150 Tonnen. Die Nennkapazität des Löffels betrug 41 Kubikmeter respektive 80 Tonnen. Den Prototyp erhielt die Mount Newman Mine im Eisenerzrevier in Pilbara in West-Australien. Er hatte einen 27,4 Kubikmeter großen Löffel für 70 Tonnen, der besser mit dem schweren und harten Material in der Erzmine fertig wurde. Insgesamt wurden weltweit 14 Exemplare des 301-M in Betrieb genommen: vier in Australien, zwei in Sibirien, fünf in Kanada und drei in den USA.

Das Rennen der Hersteller ging weiter. Bucyrus Erie legte 1990 mit einem erneut größeren Modell nach. Der 495-B war mit 42-Kubikmeter-Löffel, 85 Tonnen Kapazität und 1228 Tonnen Gewicht mehr als 100 Tonnen schwerer als der 395-BII. Im Jahr 1996 brachte der Hersteller noch eine weiterentwickelte Version mit der Bezeichnung 495-BI mit der gleichen Kapazität, aber stark verbesserten Leistungen heraus.

Die Großen Drei erlebten dann in den 90er-Jahren eine wirtschaftliche Berg- und Talfahrt. Zu Anfang des Jahrzehnts stand Bucyrus Erie finanziell auf schwankendem Grund, für P&H dagegen sah es so aus, als könne das Unternehmen aber auch gar nichts falsch machen. Das Ende der Dekade sah dann Bucyrus verschlankt und wettbewerbsfähig, während nun P&H den Zorn von An-

P&H 4100A

Wenn ein Bagger stillgelegt wird, weil er der Wartung oder gar der Reparatur bedarf, wird alles verfügbare Personal zusammengezogen, um ihn so schnell wie möglich wieder in Betrieb zu bringen. Dieser 4100A der Fording River Coal in der kanadischen Provinz British Columbia wird im Oktober 1997 Wartungsarbeiten unterzogen.

ECO

Ladebagger 89

P&H 4100A LR
Im September 1995 stellte P&H den LR als Einzelstück für die Powder River Coal vor. Er wurde eigens für den Einsatz in der North-Antelope-Mine mit 60,8-Kubikmeter-Löffel und 24,4-Meter-Ausleger ausgestattet. Er wiegt 1350 Tonnen. Das Bild zeigt ihn im Juni 2000 beim Beladen eines Caterpillar 797, der 386 Tonnen Kohle fasst.
ECO

legern und Buchhaltern zu spüren begann. Marion hatte sich in dieser Zeit mehr oder weniger durchgewurschtelt.

Während Bucyrus Eries Umsätze in den USA schrumpften, wurde andererseits das Übersee-Geschäft immer besser. Das schlug sich auch in einem neuerlichen Namenswechsel nieder. Anfang 1996 nannte sich das Unternehmen um in Bucyrus International. Das sollte seine Stellung im weltweiten Bergbau-Business deutlicher machen. Doch der wirklich große Knall kam im April 1997, als durchsickerte, dass Bucyrus International die Absicht hatte, die Marion Power Shovel Company zu übernehmen. Und dann endete am 16. August so mal eben die 113-jährige Geschichte eines Her-

stellers von Baggern erster Güte. Für mehr als ein Jahrhundert waren die beiden Unternehmen Rivalen gewesen – nun war das Vergangenheit. Jetzt gehörte Bucyrus alles. Die Ingenieure und Entwickler zogen von Marion um nach South Milwaukee, und kaum waren die Produktionshallen ausgeräumt, stand die Marion-Fabrik auch schon zum Verkauf. Name und Marke fielen dem allgemeinen Ausverkauf zum Opfer.

Marion war nicht mehr, ging aber immerhin mit einem Paukenschlag unter. 1995 hatten die Ingenieure noch eine Weiterentwicklung des 301-M vorgestellt. Seinem Vorgänger sehr ähnlich, war der 351-M jedoch etwas größer, hatte einen 42,6-Kubikmeter-Löffel mit 85 Tonnen Kapazität

P&H 4100XPB
Anfang 2000 lieferte P&H den ersten XPB aus. Er löst den 4100A ab und hat einen 51-Kubikmeter-Standardlöffel. Schon 2001 war die Nennkapazität auf 55,5 Kubikmeter gestiegen. Das Foto zeigt einen 51,7-Kubikmeter-XPB, der seit April 2000 im Antelope-Rochelle-Revier eingesetzt wird.
ECO

P&H 4100A LR
Bis 2002 war der 60,8-Kubikmeter-Löffel des LR der größte, den P&H je gebaut hatte. Der Bagger ist ein reiner Kohle-Ladebagger. Weil Kohle verhältnismäßig leicht ist, darf der Löffel größer sein als am normalen 4100A.
ECO

und wog betriebsbereit 1300 Tonnen. Marion baute noch drei dieser Bagger bis zur Übernahme durch Bucyrus. Der erste ging an Suncor, die ihn als 351-M ST im Teersand-Abbau nördlich von Fort McMurray in der kanadischen Provinz Alberta einsetzte. Der zweite war für die Black Thunder Mine im Powder-River-Revier in Wyoming bestimmt und wurde 1996 ausgeliefert. Dieser 351-M LR hatte einen langen 22,9-Meter-Ausleger und einen schweren 63,8-Kubikmeter-Löffel, der 63 Tonnen Material fasste. Er war der einzige aus dieser Serie, der ab Werk mit zwei Führerständen ausgerüstet war. Er gilt nach wie vor als der größte Kohlen-Ladebagger der Welt.

Der letzte der großen Marions wurde 1996 an die Fording River Coal bei Elkford in British Columbia geliefert. Im Juli wurde er in Betrieb genommen, einen Monat nach dem Black-Thunder-Bagger. Der 351-M HR hatte einen 42,5-Kubikmeter-Löffel. Bucyrus führte die Serie unter der Bezeichnung 351M-ST und benannte sie 1999 um in 595-B. Die Bucyrus 351M-ST/595-B wurden allesamt für den Einsatz im Ölsandabbau gebaut.

Die großen Bagger von Bucyrus und Marion in den 90er-Jahren waren zweifellos hervorragende

Ladebagger

Maschinen. P&H aber gebührt das Verdienst, den wohl besten modernen Tagebaubagger gebaut zu haben. Die Modelle der 1991 vorgestellten Serie 4100 sind die meistverkauften großen Tagebau-Seilbagger der Welt. Der 4100 wurde ganz klar für eine Aufgabe entworfen: Er sollte einen 240-Tonnen-Kipper mit nur drei Ladespielen füllen und im Schnitt nicht mehr als 30 Sekunden pro Spiel benötigen. Der 4100 fasste in seinem 42,6-Kubikmeter-Löffel 85 Tonnen Last. Im Laufe der Jahre stieg das Gewicht betriebsbereiter 4100er von 1175 auf 1225 Tonnen. Der erste nahm die Arbeit im Juli 1991 in der Caballo-Mine der Carter Mining Company nördlich von Gillette in Wyoming auf und war mit einem 44,8-Kubikmeter-Löffel ausgestattet. Heute gehört der Betrieb der Powder River Coal Company, einer Tochter von Peabody Energy.

So gut der Basisentwurf des 4100 auch war, stets gab es Weiterentwicklungen und Verbesserungen.

P&H 4100XPB
Dies ist der erste 4100XPB, den P&H im Februar 2000 an die North-Rochelle-Mine der Triton lieferte. Er hat einen 51,7-Kubikmeter-Löffel, mit dem er einen 320-Tonnen-Kipper mit drei Ladespielen belädt. Er wiegt rund 1510 Tonnen. Das Foto wurde im Juni 2000 aufgenommen.
ECO

P&H 4100XPB
Kennecott Energy hat seinen ersten XPB im Mai 2002 in der Jacobs-Ranch-Mine bei Wright in Wyoming in Dienst gestellt. Das Foto vom Mai 2002 zeigt ihn beim Beladen eines Liebherr T-282 mit 360 Tonnen Nutzlast.
ECO

Kapitel III

Schließlich führte P&H eine gründlich überarbeitete Version ein. Der 4100A kam 1994. Er war im elektrischen wie im mechanischen System sowie in der Gesamtstruktur verbessert worden. Die wichtigsten Veränderungen waren ein längerer Ausleger und ein verbesserter Löffelstiel. Das Gewicht war auf 1335 Tonnen gestiegen.

Alle 4100 wurden eigens nach den Wünschen der Kunden gebaut und sind abgestimmt auf deren Kipperflotten sowie auf Beschaffenheit und Gewicht des abzubauenden Materials. Ein A-Modell aber unterschied sich besonders von den übrigen Vertretern seiner Familie. Den 4100A LR, einen Kohle-Ladebagger, baute P&H 1995 für die North Antelope Mine im Powder-River-Becken in Wyoming. Eigens für den Kohleabbau entworfen, trägt er an einem 24,4 Meter langen Ausleger einen 60,8-Kubikmeter-Löffel, den voluminösesten, den P&H je baute. Nur der 63,8-Kubikmeter-Löffel jenes Marion 351-M LR ist größer, der nur wenige Kilometer entfernt in einer Nachbargrube im Einsatz ist.

Ende 1999 lieferte P&H den ersten 4100XPB aus, und der war erneut eine ganze Nummer größer. Er sollte den 4100 ersetzen und war für den Einsatz im Zusammenspiel mit den neuen „ultragroßen" Muldenkippern gedacht, die bald in den Gruben rollen sollten. Mit einem 50,9 Kubikmeter großen Löffel

oben: **P&H 4100XPB**
Dieser XPB in der Jacobs-Ranch-Mine kann recht schnell seinen Standort wechseln, indem er kurzerhand mit dem Löffel die Kabeltrommel aufnimmt, die er auf einem Schlitten hinter sich herzieht. Auf dem Bild wird besonders deutlich, wie groß der 58,5-Kubikmeter-Löffel ist, mit dem der Bagger einen 320-Tonnen-Kipper belädt. *ECO*

unten: **P&H 4100XPB**
Die Raupenlaufwerke müssen ganz schön stabil sein, um mit dem enormen Gewicht des Baggers fertig zu werden. Jede Einheit ist zwölf Meter lang, die Ketten sind 1,9 Meter breit. Die 42 Kettenglieder pro Raupe bringen jeweils zwei Tonnen auf die Waage. *ECO*

P&H 4100XPB
Der erste XPB für die Jacobs-Ranch-Mine hatte ursprünglich einen 57,8-Kubikmeter-Löffel, der später um 0,8 Kubikmeter vergrößert wurde. Das Bild zeigt ihn, wie er mit einer 120-Tonnen-Ladung auf den nächsten Muldenkipper wartet. *ECO*

und 100 Tonnen Kapazität sollte er einen 320-Tonnen-Kipper mit nur drei Ladespielen zu füllen vermögen. Mit 1565 Tonnen war der XPB der schwerste der 4100er Serie. Außerdem hatte er drei Schwenkmotoren und die hoch entwickelte hauseigene Digitaltechnik, die ihm ein schier unglaublich hohes Arbeitstempo verlieh. Der Bagger wurde mit Hilfe modernster Computertechnik entworfen. Nichts haben die Ingenieure dem Zufall überlassen.

Der erste 4100XPB begann im Februar 2000 mit der Arbeit in der North Rochelle Mine von Triton im Powder-River-Becken. Die Serie wurde rasch zu einem Erfolg. Bald trudelten Bestellungen von allen klassischen Absatzmärkten ein, vor allem aber aus Nord- und Südamerika. Drei Bagger, die 2001 und 2002 ins Powder-River-Becken geliefert wurden, stechen aus der Reihe der übrigen hervor. Sie haben 58,5 Kubikmeter große Hochlöffel mit einer Kapazität von jeweils 120 Tonnen. Diese Nutzlast ist firmeninterner Rekord. Eingesetzt sind sie in der Belle Ayr Mine der RAG respektive in der Jacob Ranch Mine der Kennecott. Mit nur drei Ladespielen lässt sich ein 360-Tonnen-Kipper beladen. P&H hatte schon früher einen 120-Tonnen-Löffel für den 5700XPA angeboten, aber nie einen gebaut. 2003 hat die RAG ihren 4100XPB gar mit einem noch größeren 62,3 Kubikmeter großen Löffel ausgerüstet, der aber ebenfalls für 120 Tonnen ausgelegt ist.

Bagger der Serie 4100 werden aber auch für den Abbau von Ölsand eingesetzt. Der erste war der 4100TS, der ganz auf den Tagebau im Ölsandrevier nördlich von Fort McMurray in der kanadischen Provinz Alberta abgestimmt war. Das Material dort ist besonders abrasiv, und so müssen die Löffel entsprechend verstärkt und gegen vorzeitige Abnutzung präpariert sein. Außerdem rollen die Bagger auf mit 3,45 Metern extrabreiten Raupenketten. Der Untergrund, mit dem es die Bergleute dort zu tun haben, erinnert in seinem Verhalten mitunter an Matratzen. Die breiten Ketten verleihen dem Bagger einen erheblich festeren Stand.

Der erste dieser speziellen TS-Bagger wurde 1998 mit 43,3-Kubikmeter-Löffel an die Suncor Energy geliefert. 1999 übernahm Syncrude Canada ihren ersten 4100TS mit 44,1-Kubikmeter-Löffel. Beide Gesellschaften bestellten aber auch noch nach. 2001 präsentierte P&H eine überarbeitete Version des TS, den 4100 BOSS. Der sieht zwar aus wie ein normaler 4100, verfügt aber über allerhand technische Finessen, die ihn bei gleicher Löffelgröße um fast 30 Prozent effek-

P&H 4100XPB

Kennecott stellte seinen zweiten 1569-Tonnen-XPB im Juni 2002 in der Jacobs-Ranch-Mine in Dienst. Der Bagger ist ein Zwillingsbruder des ersten, der im Jahr zuvor die Arbeit aufgenommen hatte. Das Foto zeigt ihn im September 2002 beim Beladen eines Liebherr T-282 mit 360 Tonnen Nutzlast.
ECO

P&H 4100TS

Eigens für den Einsatz im Ölsand-Abbau wird die Version TS gebaut. P&H stellte den ersten 1998 vor. Das Bild zeigt ihn im Oktober 2001, wie er in der Base-Mine der Syncrude nördlich von Fort McMurray in Alberta einen Caterpillar 797 mit 386 Tonnen Nutzlast belädt. Er hat einen 44-Kubikmeter-Löffel und mit 3,45 Meter extrabreite Raupenketten für den weichen Untergrund. Der Ausleger ist 21,3 Meter lang, das Betriebsgewicht liegt bei 1490 Tonnen. *ECO*

Ladebagger 95

P&H 4100TS
Dem Base-Mine-Bagger entspricht dieser TS, der in der Aurora-Mine der Syncrude eingesetzt wird. Insgesamt hat die Gesellschaft vier TS-Modelle bekommen. Je zwei sind in der Aurora- und in der Base-Mine im Einsatz. *ECO*

tiver machen. 2002 erhielt Suncor den ersten BOSS. Im gleichen Jahr schloss P&H einen Vertrag mit Syncrude über die Lieferung dreier weiterer Bagger ab. 2003 verfügte Syncrude über vier BOSS und vier TS. Insgesamt hat P&H bis dahin mehr als 120 Exemplare des variantenreichen 4100 verkauft.

Zu den allemal wirtschaftlichen und erfolgreichen P&H-Tagebaubaggern gibt es indes nach wie vor Alternativen. Bucyrus International baut drei Typen, die in direkter Konkurrenz zu den Topmodellen des Rivalen stehen. 495-BII und 495HR zielen auf das gleiche Marktsegment wie der 4100XPB. Der 495HF ist das Gegenstück zum BOSS.

Der Bucyrus 495-BII wurde 2000 vorgestellt. Der erste kam im Februar 2001 in Peabodys Ranch-Mine bei Grants in New Mexico zum Einsatz. Er basiert auf dem erfolgreichen 495-BI, ist aber ein gründlich überarbeitetes Modell mit der allerneuesten Elektronik und Computersteuerung. Der BII hat zudem einen längeren Ausleger (20,4 statt 19,5 Meter), ein stabileres Vorschubwerk und einen modifizierten Drehkranz. Der Standardlöffel fasst 50,2 Kubikmeter. Die Nutzlast stieg – ursprünglich auf 100 Tonnen beziffert – auf 110 Tonnen. Das Betriebsgewicht beträgt 1344 Tonnen. 2002 erhielten die neuen Bagger auch die so genannten Super-Cabs. Diese neuartigen Führerstände sind versetzt und erhöht angebracht und erlauben dem Maschinenführer bessere Rundumsicht. Außerdem sind sie bequemer und sicherer.

Das nächste dicke Ding von Bucyrus ist der 495HF, ein Spezialmodell für den Abbau von Öl-

P&H 4100BOSS
Den ersten BOSS (B-Serie Oil Sand Shovel) stellte Syncrude im Oktober 2001 in der Aurora-Mine in Dienst. Er leistet 28 Prozent mehr als der normale TS. Das Bild vom 15. Oktober 2001 zeigt den ersten BOSS während der letzten Funktionstests.
ECO

P&H 4100BOSS
Im vollen Einsatz fotografiert wurde der BOSS am 18. Oktober 2001. Die enorme Leistungssteigerung gegenüber dem TS ist dem BOSS äußerlich nicht anzusehen. Sie ist vor allem inneren Werten wie digitaler Steuerung und modernen Computern zu verdanken. 2003 erhielt Syncrude drei weitere BOSS.
ECO

Ladebagger 97

sand. Der erste gelangte im Oktober 2002 zum Einsatz und ist der erste Entwurf, in dem Bucyrus- und Marion-Technologie vereint sind. Er basiert auf dem 495-BII und hat Teile des 595-B, der ja bekanntlich ursprünglich Marions 351-M war. Der HF hat einen 44,8-Kubikmeter-Löffel, 3,5 Meter breite Raupenketten und die Super-Cab. Das Betriebsgewicht von 1450 Tonnen machten ihn zum schwersten Bagger auf zwei Raupen in der Firmengeschichte. Die ersten drei HF hat die Albian Sands Energy für den Einsatz in der Muskeg River Mine nördlich von Fort McMurray in Alberta übernommen.

Der jüngste Bucyrus-Tagebaubagger ist der 495HR. Er basiert auf dem HF, hat aber schmalere

BUCYRUS 495-BII

Im Februar 2001 kam der erste 495-BII in der Lee-Ranch-Mine der Peabody bei Grants in New Mexico zum Einsatz. Das Foto vom Mai 2002 zeigt ihn beim Beladen eines Terex MT-5500 mit 360 Tonnen Nutzlast. Der Bagger hat einen 50,2 Kubikmeter fassenden Löffel, der Ausleger ist 20,4 Meter lang, und das Betriebsgewicht beträgt 1345 Tonnen. Mitte 2002 lieferte Bucyrus den ersten 495-BII mit Super-Cab aus. *ECO*

Ketten, wiegt 1440 Tonnen und verfügt über einen Löffel mit einer Nennkapazität von 110 Tonnen. Das erste Exemplar wurde im Frühjahr 2002 an Collahuasi für den Einsatz in einer chilenischen Kupfermine geliefert.

Die modernen Seilbagger haben den derzeit denkbar höchsten Entwicklungsstand erreicht. Selbst die Löffel der Ladebagger haben mittlerweile eine Größe angenommen, die einst bestenfalls für die ganz großen Abraumbagger denkbar gewesen wäre. Doch wo sind eigentlich die vielen kleineren und mittelgroßen Seilbagger geblieben, die einst allerorten zu sehen waren? Die Antwort ist einfach: Sie sind vollständig verdrängt worden von der Hochdruck-Hydrauliktechnik. Es folgt der Auftritt des Hydraulikbaggers.

BUCYRUS 495HF

Der 495HF ist die Antwort auf den BOSS von P&H. Er hat einen 44,8-Kubikmeter-Löffel und ein Betriebsgewicht von 1450 Tonnen. Die Raupenketten sind jeweils 3,5 Meter breit, und der Bagger hat die Super-Cab. Der erste wurde am 1. Oktober 2002 in der Muskeg-River-Mine der Albian Sands Energy in Alberta in Dienst gestellt. Das Foto zeigt den im Dezember 2002 ausgelieferten zweiten HF beim Schichtwechsel.
Gary Middlebrook

Ladebagger 99

Kapitel IV

Hydraulische Tagebaubagger

In der ersten Hälfte des 20. Jahrhunderts dominierten Seilbagger den Markt – ganz gleich, ob im Baugewerbe, in Steinbrüchen oder im Bergbau. Seilbagger waren die bevorzugten Maschinen für alle Aufgaben der Erdbewegung. Nun gab es anfangs lange Zeit auch gar keine Alternative zu diesem Konzept. Das sollte sich ändern, als in der zweiten Hälfte es Jahrhunderts die Hydraulikbagger aufkamen. Für die Seilbagger wurde es schnell eng. Ein Weiterleben – freilich auch kein ganz leichtes – gab es nur für die großen Tagebaubagger und einige Modelle für die Steinbrucharbeit. Die kleinen und mittelgroßen Seilbagger aber wurden bald überflüssig, und binnen kurzer Zeit waren nur noch einige wenige übrig, die meisten als Museumsstücke.

Die Geschichte der modernen Hydraulikbagger reicht zurück in die Zeit kurz nach dem Zweiten Weltkrieg. Damals erkannten viele Hersteller in Italien, in Frankreich und in den USA die Vorzüge der Hydrauliktechnik. Die ersten begannen mit der Herstellung 1946, nachdem der Erfinder Ray Ferwerda aus Cleveland in Ohio die Patentrechte an seiner Maschine namens Gradall an die Warner and Swasey Company verkauft hatte. Der Gradall bestand vor allem aus einem hydraulisch betätigten Teleskoparm, der auf ein Lastwagen-Fahrgestell montiert war. In Italien stellten die Gebrüder Bruneri 1948 einen hydraulischen Radbagger vor. Aus Geldnot verkauf-

ten sie die Rechte an ihrer Erfindung 1954 an die französische SICAM. Die brachte kurz darauf einen hydraulischen Bagger auf Lastwagen-Fahrgestell heraus, den Yumbo S25. Bereits 1951 hatte ein weiterer französischer Hersteller namens Poclain mit dem Modell TU einen eigenen Hydraulikbagger-Entwurf verwirklicht. Alle diese ersten Versuche basierten auf Lastwagen-Chassis oder waren irgendwie auf Räder gestellt. Den ersten vollhydraulischen Raupenbagger mit 360-Grad-Schwenkbereich stellte dann 1954 die deutsche Demag vor. Der B504 sollte das Gesicht der Erdbewegungs-Industrie rund um den Globus verändern. Bald bauten alle die neuen Hydraulikbagger auf Raupenketten.

Mittlerweile geht die Zahl der Hersteller in die hunderte. Nur wenige aber bauen Bagger, die sich mit den ganz großen Bergbau- und Steinbruch-Seilbaggern messen können. Die meisten finden sich in den USA, in Deutschland, Frankreich und Japan.

Den Anfang machte Poclain in Frankreich. Der Hersteller baute den ersten Lader auf Lastwagen-Chassis 1948 und den ersten Hydraulikbagger 1951. In den 50er- und in den 60er-Jahren war Poclain einer der führenden Hersteller in Europa. 1970 stellte Poclain dann in Paris mit dem EC 1000 mit 7,6-Kubikmeter-Tieflöffel den größten Hydraulikbagger der Welt vor. Drei Dieselmotoren vom Typ GM 8V-71 leisteten 848 PS, das Betriebsgewicht lag bei 151

LIEBHERR R994B
Den Hydraulikbagger R994B stellte Liebherr 2001 vor. 1520 PS treiben den 17,9-Kubikmeter-Bagger an. Er wiegt 326 Tonnen. Die Aufnahme vom Juni 2001 zeigt die Tieflöffelversion beim Einsatz im französischen Luzenac. Es war der zweite gebaute und der erste, der zum Einsatz kam. Der erste wurde im September 2001 an die spanische SAMCA geliefert.

O&K RH 300

Als erster Hydraulikbagger überschritt der RH 300 die 500-Tonnen-Grenze. Mit 549 Tonnen und einer 22-Kubikmeter-Schaufel war er der größte Hydraulikbagger der Welt. Der erste ist hier im Oktober 1979 bei O&K in Dortmund zu sehen. Er trägt bereits die Farben des Kunden, der britischen Northern Strip Mining.
Terex Mining

Tonnen. So groß, so schwer und so stark war bis dahin kein einziger Hydraulikbagger gewesen. Kurz nach der Präsentation wurde eine zweite Version mit 8,7-Kubikmeter-Schaufel vorgestellt. Die Leistung war auf 860 PS gestiegen.

In der Praxis bewährte sich der EC 1000 recht schnell. Das ist beeindruckend, immerhin handelte es sich um einen Entwurf mit bis dato unbekannten Dimensionen. Allerdings bot das Hydrauliksystem immer wieder Anlass zur Sorge. Leckende Hochdruckleitungen bereiteten großen Ärger. Das ließ sich indes damals kaum zufriedenstellend beheben, weil bessere Technik noch nicht zur Verfügung stand. Das änderte sich erst, als raffiniertere Technik den Bau besserer Hydraulikzylinder erlaubte. Neue Dichtungen und stabilere Schläuche erhöhten die Zuverlässigkeit weiter. Es gilt zu bedenken, dass bis zum damaligen Zeitpunkt noch kein derart großes Hydrauliksystem für eine solche Maschine gebaut worden war. Und wenn, hatte es nicht unter schwierigen Bedingungen arbeiten müssen. Poclain – und das galt genauso für die Konkurrenz – hatte allerhand Hürden zu nehmen.

Dazu gehörte auch, die Hydraulikflüssigkeiten frei von Verunreinigungen zu halten und ihre möglichst konstante Viskosität auch bei extremen Temperaturunterschieden zu gewährleisten.

Die Erfahrungen mit dem ersten EC 1000 führten zur Entwicklung eines neuen Typs mit noch mehr Muskeln und einem völlig veränderten Äußeren. 1975 angekündigt und im Jahr darauf vorgestellt, hatte der 1000 CK der Serie I einen kompakten und geradezu eleganten Oberwagen – ganz im Gegensatz zu seinem Vorläufer. Der neue Bagger wog 179 Tonnen, und die beiden Deutz-Diesel lieferten zusammen 900 PS. Die Kapazität reichte von fünf (beim Tieflöffel) bis zu 8,7 Kubikmetern (mit Schaufel). Vom alten EC 1000 wurden bis zur Einführung des 1000 CK nur zehn gebaut. Die Modellfamilie aber blieb – mit unzähligen Verbesserungen und Weiterentwicklungen – bis Mitte der 80er-Jahre Bestandteil des Poclain-Programms. Bis dahin hatten neue Hydraulikbagger aus Deutschland und Japan den Typ allerdings längst weit hinter sich gelassen. Dennoch verkaufte sich die 1000er Serie gut in Europa. Nach Nordamerika wurde hingegen nur

O&K RH 300
Der erste RH 300 wurde für die Northern Strip Mining nach England geliefert und in der Donnington-Extension-Mine eingesetzt. Angetrieben wurde er von zwei Cummins KTA2300-C1200 mit insgesamt 2340 PS. Das Foto zeigt ihn 1980.
Sammlung Peter N. Grimshaw

eine Handvoll verkauft. Zwar hatten die Franzosen die Nase vorn gehabt beim Start der großen Hydraulikbagger. Andere europäische und japanische Hersteller aber stellten bald eigene Muster her, die Poclains große Maschinen in Größe und Leistung übertreffen sollten. O&K, Liebherr, Demag und Hitachi setzten in den 70ern neue Maßstäbe.

So stellte Orenstein & Koppel 1975 den sehr erfolgreichen RH 75 vor. Mit 150 Tonnen Betriebsgewicht war er etwa so groß wie der Poclain EC 1000. Damit war es mit den Ähnlichkeiten aber auch schon vorbei. O&K war kein Neuling im Bau hoch entwickelter Hydraulikbagger. Immerhin war das erste voll hydraulische Modell RH 5 bereits 1961 entstanden. Als der RH 75 in Produktion ging, hatte O&K bereits 20.000 Hydraulikbagger aller Größen in aller Herren Länder verkauft. Der RH 75 wurde von zwei Cummins-Dieseln mit zusammen 850 PS angetrieben. Die Schaufel fasste 7,6, der optional einsetzbare Tieflöffel vier Kubikmeter. Im Vergleich namentlich zum EC 1000 war der RH 75 von kompakter und ansprechender Gestalt. Außerdem war er ein überaus bewegliches Gerät von anerkannt einzigartiger Zuverlässigkeit. Der RH 75 war ein Gewinner vom ersten Tag an.

BUCYRUS ERIE 150-BD „DOUBLER"
Beim „Doubler" hatten die Bucyrus-Leute versucht, die jeweils besten Komponenten von Seil- und Hydraulikbagger miteinander zu kombinieren. Mit der neuen Technik ausgerüstet wurde im Januar 1968 ein 150-B in der Eagle-Mountain-Mine der Kaiser Steel Corporation in Kalifornien getestet. Nach diversen Modifikationen wurde er im September des gleichen Jahres wieder in Betrieb genommen, mittlerweile gelb lackiert. Ein zweiter BD wurde im Oktober 1969 Tests in der Butler-Mine der Hanna in Minnesota unterzogen. Hanna betrieb auch den einzigen 190-BD, Baujahr 1970. *Bucyrus International*

Tagebaubagger **103**

1977 stellte Liebherr seinen R 991 vor. Das schweizerische Familienunternehmen mit Produktionsstätten in aller Welt baute bereits seit 1955 Hydraulikbagger. Der erste war ein Radbagger vom Typ L 300 gewesen. Im Laufe der Jahre hatte sich Liebherr einen Ruf als Hersteller erstklassiger Hydraulikbagger erworben. Mit dem R 991, einem veritablen Konkurrenten für Poclains 1000 CK und den O&K RH 75, schuf Liebherr das Spitzenmodell dieser Baggerklasse. Allein von der Größe her setzte der R 991 mit seinem Betriebsgewicht von 182 Tonnen Maßstäbe. Zwei Cummins-Diesel lieferten 730 PS. Die Schaufel fasste 7,6 Kubikmeter, der Tieflöffel 5,3. Der Liebherr verkaufte sich gut in Europa. Später gab es eine leistungsstärkere Version, den R 992.

Es dauerte nicht lange, bis die deutsche Mannesmann Demag ein Konkurrenzmodell präsentierte. Der gigantische Demag H 241 debütierte 1978. Für kurze Zeit war er der größte Hydraulikbagger der Welt. Mit 310 Tonnen war er viel größer als alles, was die Konkurrenz zu bieten hatte, und mit seiner 14,5-Kubikmeter-Schaufel schuf er sich gleichsam eine eigene Klasse. Ein einzelner Detroit-Diesel lieferte 1340 PS. Der H 241 vermochte mit nur sechs Ladespielen binnen zweieinhalb Minuten einen der

BUCYRUS ERIE 550-HS

Den Hydraulikbagger 550-HS stellte Bucyrus Erie 1982 vor. Den Antrieb besorgte ein Detroit-Diesel 12V-92T mit 610 PS. Der 140-Tonnen-Bagger hatte eine 7,6-Kubikmeter-Schaufel. Die schlechte wirtschaftliche Lage zu Beginn der 80er-Jahre bereitete dem Hydraulikbagger-Programm des Herstellers jedoch ein vorzeitiges Ende, und vom 550-HS wurden bloß zwei gebaut.
Sammlung des Autors

MARION 3560

Der größte Hydraulikbagger amerikanischer Provenienz in den 80ern war der 3560. Er wurde 1981 vorgestellt. Angetrieben wurde er von zwei Caterpillar 3412PCTA mit 1420 PS oder von zwei Cummins VTA28-C725 mit 1425 PS. Es gab auch Versionen mit Elektroantrieb. 1988 kam das weiterentwickelte Modell 3560B heraus, das in der Version mit Klappschaufel 307 Tonnen auf die Waage brachte. Die Produktion endete 1989 nach nur neun Baggern.
Sammlung des Autors

üblichen 150-Tonnen-Kipper zu füllen. Das war schon so ungefähr die Liga, in der die großen Seilbagger spielten. Der Demag H 241 verkaufte sich außerordentlich gut und war einer der ersten Hydraulikbagger jener Klasse, die dann schließlich die Seilbagger aus der Kategorie von 14,5 bis 19 Kubikmetern verdrängen sollten. Der erste H 241 ging über den großen Teich. Er war für die Benjamin Coal Company in Troutville in Pennsylvania bestimmt. Im Laufe der Zeit sollten große Demag-Modelle den US-amerikanischen Markt erobern.

Die europäischen Hersteller dominierten in den 70er-Jahren klar den Markt für große Hydraulikbagger. Erst 1979 kam Konkurrenz aus Japan. Hitachi stellte in jenem Jahr den UH 801 vor. Viele japanische Hersteller hatten sich in den 60er-Jahren mit US-Firmen zusammengetan, um technisches Wissen auszutauschen. Vor allem aber, um später auf dem lukrativen amerikanischen Markt Fuß fassen zu können. Mitte der 70er strebten sie nach mehr Präsenz und mehr Kontrolle über den Verkauf in den Vereinigten Staaten. Nachdem sie sich mit kleinen und mittelgroßen Modellen einen Namen gemacht hatten, hielten sie sich auch bei der Eroberung des Marktes für die großen Kaliber nicht länger zurück. Mit dem UH 80, der dann als UH 801 angeboten wurde, zogen sie mit den größten Modellen aus Europa gleich. 173 Tonnen Betriebsgewicht entsprachen dem der großen Bagger von Poclain und Liebherr. Zwei Cummins-Diesel leiste-

P&H 1200

Den 1200 stellte P&H 1978 vor. Entworfen und gebaut wurde er in Dortmund bei O&K. Später wurde die Produktion in die USA verlagert. Es gab den 1200 mit 8-Kubikmeter-Klappschaufel und mit 6-Kubikmeter-Tieflöffel.
P&H Mining

P&H 1200B
Im Februar 1986 kam der erste 1200B in der San-Manuel-Mine der Magma Copper in Arizona zum Einsatz. Er hatte bei gleicher Leistung eine 9,9-Kubikmeter-Schaufel, das Betriebsgewicht lag bei 208 Tonnen.
P&H Mining

ten 810 PS. Die Schaufel fasste 8,4, ein Tieflöffel 7,8 Kubikmeter. Der Hitachi eignete sich für den Einsatz in mittleren und größeren Steinbrüchen und Minenbetrieben. In den USA war er bei Kohleförderern beliebt, vor allem östlich des Mississippi. Der

Erfolg des UH 801 ebnete weiteren Hitachi-Modellen den Weg und verhalf dem Hersteller zu einer Spitzenposition.

Gegen Ende der 70er-Jahre wurde deutlich, dass sich die großen hydraulischen Tagebaubagger langsam aber sicher durchsetzten. Trotz der ersten großen Typen wie dem Demag H 241 hatten die Hydraulikbagger allerdings noch nicht ganz das Kaliber der Seilbagger erreicht. Doch Ende 1979 stellte O&K einen hydraulischen Tagebaubagger vor, der alle Rekorde brach. Der RH 300 passierte als erster die 500-Tonnen-Marke und verschob die Grenzen dessen, was technisch machbar war. Es war eine ganz große Leistung für O&K, die natürlich auch ein großes Wagnis mit dem Neuen eingegangen waren.

Der erste RH 300 wurde im Werk in Dortmund am 18. Oktober 1979 feierlich enthüllt. Im Jahr zuvor hatte O&K ein 1:5-Modell des Baggers bei der Messe des amerikanischen Bergbau-Kongresses in Las Vegas ausgestellt, um schon einmal eine Vorstellung davon zu vermitteln, was da auf die Kundschaft zukam. Der erste RH 300 wurde dann für den Einsatz in der Donnington Extension Coal Mine

DEMAG H 485
Der H 485 stieß den RH 300 im Jahr 1986 vom Thron des größten Hydraulikbaggers. Ein einzelner MTU 16V-396TC43 mit 2125 PS trieb ihn an. Der erste wurde nach Schottland an Coal Contractors für den Einsatz in Roughcastle geliefert.
Sammlung des Autors

DEMAG H 485

Nach Schweden ging 1989 ein elektrisch angetriebener H 485. Den 618-Tonnen-Bagger übernahm Boliden Mineral für die Aitik-Kupfermine bei Gallivare. Es war der vierte aus der Serie. Boliden bestellte dann 1991 noch einen zweiten mit Elektroantrieb. Den ersten zeigt das Bild beim Einsatz im Mai 1990.
Komatsu Mining

DEMAG H 485

Der zweite H 485 ging 1989 an Klemke and Son Construction Ltd. nach Alberta. Er hatte eine 25,8 Kubikmeter große Klappschaufel und war für den Ölsand-Abbau bestimmt. Er besaß einen 1600-Kilowatt-Elektromotor. 1997 wurde er an Suncor verkauft. Das Bild zeigt ihn dort im Oktober 1997.
ECO

DEMAG H 485
Der fünfte H 485 war der erste mit Tieflöffel-Ausrüstung. Er wog 618 Tonnen und hatte eine Kapazität von 25,8 Kubikmetern. Im Februar 1990 wurde er an die Saxonvale Coal nach Australien geliefert.
Sammlung des Autors

LIEBHERR R994
Der größte in der Litronic-Reihe der 80er war der R994. Er wurde 1984 vorgestellt, wog 230 Tonnen und hatte eine 13,4-Kubikmeter-Standardschaufel. Ein Cummins-Diesel KTA38-C1050 lieferte 1060 PS.
Michael Hubert

108　Kapitel IV

der britischen Northern Strip Mining (NSM) gebaut. Er verließ das Werk auch gleich in den NSM-Farben gelb, grau und weiß. Betriebsbereit wog der Bagger 550 Tonnen, seine Schaufel fasste 22 Kubikmeter. Zwei große aufgeladene Cummins Diesel KTA2300-C1200 leisteten zusammen 2350 PS. Dieser erste RH 300 wurde im Januar 1980 in Betrieb genommen. 1981 verlegte NSM ihn von Donnington in die Godkine-Kohlegruben nach Derbyshire.

Ein größerer Verkaufserfolg aber sollte der RH 300 nicht werden. Just als das Modell sich anschickte, den Markt zu erobern, begann die Rezession. Investitionen in neue Bergbautechnik wurden zurückgefahren oder gleich ganz gestrichen. Pläne zur Erschließung weiterer Bodenschatz-Vorkommen wurden auf Eis gelegt, und die Hersteller schweren Geräts blieben auf ihrer teuren Ware sitzen. O&K erging es da mit dem schönen neuen RH 300 nicht anders. Dennoch ließen die Kaufleute nichts unversucht, ihren Bagger trotz schwieriger Lage an den Mann zu bringen. So stellte O&K den zweiten RH 300 bei der BAUMA 1980 in München aus. Der nach den gleichen Vorgaben wie der NSM-Bagger gebaute RH 300 trat nun in den Werksfarben rot und grau auf. Der Gigant war auch erwartungsgemäß der Star der Messe. Doch es gab nicht eine einzige Bestellung. Schließlich wurde der zweite RH 300 nach Dortmund zurückgebracht und dort weiteren Tests unterzogen. Doch aus Wochen wurden Monate, aus Monaten schließlich Jahre, und immer noch hatte

HITACHI EX3500
Der 1987 vorgestellte EX3500 war einer der größten Erfolge des Herstellers. Mit 17,7-Kubikmeter-Schaufel wog er 362 Tonnen. Das Bild zeigt einen EX3500 im September 1996 im Barrick Goldstrike bei Elko in Nevada.
ECO

HITACHI EX3500

Als Antrieb dienten dem EX3500 zwei Cummins KTA38-C925 mit 1650 PS. Ende 2000 kam dann die verbesserte Serie 3600 mit 1900 PS, 21-Kubikmeter-Schaufel und 386 Tonnen. Dieser EX3500 ist 1996 in der Lone-Tree-Goldmine in Nevada im Einsatz.
ECO

sich kein Käufer für den Dortmunder Riesen gefunden. Die Rezession hatte das neue O&K-Programm gestoppt, bevor es richtig begonnen hatte.

Dennoch gab es noch einen dritten RH 300. Der hatte elektrischen Antrieb und wurde im Auftrag der Codelco für eine Kupfermine in Chile gebaut. In der Chuquicamata-Mine ging er Mitte Oktober 1987 in Betrieb. Der Antrieb bestand aus zwei 900-kW-Elektromotoren. Die Schaufel fasste 25,8 Kubikmeter. Der Führerstand war zugunsten besseren Überblicks höher angebracht. Der RH 300 wog ob diverser Modifikationen 566 Tonnen. Nun ließe sich vermuten, dass die Bergbau-Industrie sich die Finger nach dem modernisierten Bagger geleckt hätte. Ein Trugschluss. Mittlerweile war auch der RH 300 ein gealterter Entwurf. Auch der Bagger Nummer drei in Chile wurde nach ein paar Jahren abgestellt, als die Mine geschlossen wurde, und nie

wieder in Betrieb genommen. Ende der 80er-Jahre galt der RH 300 schon als Dinosaurier. Was 1979 noch das Allerneueste gewesen war, gehörte nun zum alten Eisen. Schließlich stellte auch NSM ihren RH 300 außer Dienst und ließ ihn verschrotten. Der zweite Bagger hatte als Ersatzteilspender für die beiden anderen gedient.

Von außen betrachtet war das RH 300-Programm ein Fehlschlag gewesen, und in gewisser Weise stimmt das natürlich auch. Wäre die Weltwirtschaft in besserer Verfassung gewesen, hätte die Geschichte des RH 300 ganz anders verlaufen können. Doch die Erfahrung, die O&K-Ingenieure mit den drei Riesen gesammelt hatten, waren wertvoll und versetzten sie in die Lage, bald einen viel weiter entwickelten Nachfolger zu bauen.

Jenseits des Atlantiks hatten in den 70er-Jahren die US-Hersteller jeweils nur sehr träge auf die Neu-

SMEC 4500
Den in den 80ern größten japanischen Hydraulikbagger bauten Kobe Steel und Mitsubishi im Firmenkonsortium SMEC. In dem hatten sich elf japanische Hersteller zusammengeschlossen, um einen großen Bagger vornehmlich für den heimischen Markt zu entwickeln. Das Bild zeigt den 463-Tonnen-Bagger bei seiner Indienststellung im November 1987 in der Blackwater-Mine der BHP-Utah im Bowin-Becken in Queensland, Australien.
Les Kent

SMEC 4500
Der SMEC 4500 hatte zwei große Dieselmotoren. Im Angebot waren Schaufeln von 15 bis 30 Kubikmeter Fassungsvermögen. Es wurde aber nur ein einziger gebaut, und der wurde 1992 verschrottet, nachdem die SMEC auseinandergebrochen war.
Les Kent

Tagebaubagger 111

O&K RH 90C

Den 179-Tonnen-Bagger RH 90C stellte O&K 1986 vor. Als Antrieb diente ein Cummins KTA19-C525 mit 850 PS. Es gab den Bagger mit 10-Kubikmeter-Klappschaufel und mit 8,8-Kubikmeter-Tieflöffel. Heute heißt das Modell Terex TME 90C. Das Bild zeigt einen RH 90C beim Einsatz in einem Steinbruch. Der Baggerführer zerkleinert große Brocken, indem er eine massive Stahlkugel darauf fallen lässt.
Urs Peyer

heiten reagiert, die da mit schöner Regelmäßigkeit aus Europa und Japan kamen. Die meisten hatten sich bestens in ihrer Stellung als erfolgreiche Konstrukteure und Verkäufer ausgereifter Seilbagger eingerichtet. Einige erkannten jedoch, dass der Hydraulikbagger in einigen Marktsegmenten die Zukunft verkörperte. Sie sahen sich vor die Wahl gestellt, auf den Zug aufzuspringen oder die ausländische Konkurrenz davonziehen zu lassen. Viele US-Firmen sollten dann schließlich auch Hydraulikbagger bauen, doch nur wenige wagten sich an die Entwicklung von großen Steinbruch- und Bergbau-Typen mit der neuen Technik. Zu ihnen zählten Warner and Swasey in Solon, Ohio, Koehring sowie P&H Harnischfeger in Milwaukee, Wisconsin, Northwest Engineering in Green Bay, Wisconsin, Bucyrus Erie in South Milwaukee und die Marion Power Shovel Company in Marion, Ohio. Drei von ihnen hatten bereits reichlich Erfahrung im Bau der ganz großen Seilbagger.

1972 stellte Warner and Swasey den Hopto 1900 vor. Ausgelegt für den Einsatz mit Tieflöffel, war er mit 103 Tonnen der bis dahin größte Hydraulikbagger US-amerikanischer Provenienz. Er hatte 585 PS und war nun wirklich kein Winzling. An die Kolosse der Konkurrenz reichte er allerdings nicht heran.

Die erste US-Firma, die einen großen Hydraulikbagger eigens für Bergbau und Steinbrüche herstellte, war Koehring. Der 130 Tonnen schwere 1266D kam 1973 heraus. Auch Koehring war kein Neuling in der Hydrauliktechnik. Der erste vollhydraulische Bagger, der 3-Kubikmeter-Typ 505 Skooper, war bereits 1963 entstanden. Seinen größten Hydraulikbagger, den 1466FS, stellte Koehring 1981 vor. Mit 154 Tonnen und einer Standardschaufel von 7,6 Kubikmetern war der 1466FS etwa von der Größe eines Poclain EC 1000. Doch erneut hatte es zehn Jahre gedauert, bis amerikanische Ingenieure mit dem längst veralteten Modell aus Frankreich gleichzogen. Der 1466FS wurde bis 1986 gebaut.

1978 stellte der geachtete Seilbagger-Hersteller Northwest Engineering seinen 65-DHS vor. Der verfügte über den so genannten Transtick. Anstelle von Ausleger und Stiel mit unveränderbarer Länge hatten die Northwest-Leute ihm einen hydraulisch ausfahrbaren Stiel mitgegeben. Per Knopfdruck konnte der Baggerführer die Schlagweite bequem vergrößern oder verkleinern. Der 107-Tonnen-Bag-

112 Kapitel IV

O&K RH 200

Der populärste Minen-Bagger in der Klasse ab 500 Tonnen ist der RH 200. O&K stellte ihn 1989 vor. Das Bild vom September 1996 zeigt einen im Barrick Goldstrike in Nevada. Es war der zweite, der in die USA verkauft wurde und der 46. der Serie.
ECO

O&K RH 200

Anfangs hatten die Bagger der Serie RH 200 Schaufeln mit 19,8 Kubikmetern Fassungsvermögen. Die Größe ist über die Jahre kontinuierlich auf 25,8 Kubikmeter gewachsen.
ECO

Tagebaubagger

P&H 1550
1989 ersetzte P&H seine Serie 1200B durch den 1550. Den Antrieb besorgte ein Cummins KTTA38C-1350 mit 1110 PS. Die Klappschaufel maß 11,4, der Tieflöffel 10,6 Kubikmeter. Die Versionen wogen 229 respektive 225 Tonnen.
P&H Mining

P&H 2250
Der größte Bergbaubagger im P&H-Programm war der 2250. Im September stellte ihn der Hersteller bei der Electra-Bergbaumesse im südafrikanischen Johannesburg vor. Den 373-Tonnen-Bagger trieb ein Caterpillar 3516 mit 1820 PS an. Die Standard-Klappschaufel war 17,5 Kubikmeter groß, der Tieflöffel 16,7 Kubikmeter.
P&H Mining

ger mit 3,8 bis 4,6 Kubikmetern Fassungsvermögen und einem 460-PS-Antrieb war damit aber wohl für seine Zeit zu ausgefallen. Obwohl es ihn auch mit herkömmlichem Stiel gab, setzte er sich jedenfalls nicht durch und verschwand bald wieder aus dem Lieferprogramm. Es blieb bei diesem Versuch von Northwest, einen vollhydraulischen Tagebaubagger zu bauen. Mit dem 180-D hatte das Unternehmen einen Dauerbrenner unter den Seilbaggern auf den Markt gebracht. Einen alltagstauglichen Hydraulikbagger einzuführen, war aber ein ganz anderes Thema, und Northwest sollte es auch nicht wieder versuchen.

Auch die drei größten – Bucyrus Erie, Marion und P&H – versuchten ihr Glück mit der Hochdruck-Technik. Bucyrus Erie baute hydraulisch gesteuertes Gerät bereits seit 1948, nachdem das Unternehmen die Milwaukee Hydraulics Corporation gekauft hatte. 1965 kam das erste vollhydraulische Modell heraus, der 20-H. Weitere Typen sollten folgen, alle waren für den Betrieb mit Tieflöffel ausgelegt. Schwere Tagebau-Bagger waren indes noch nicht darunter.

Einen Zwitter aus Seil- und Hydrauliktechnik stellte Bucyrus Erie dann 1968 vor. Mit Kabeln wurde der Ausleger bewegt, Hydraulikzylinder waren fürs Graben und Abladen zuständig. Diese Technik ließ sich mit den Modellen 150-B, 190-B und 280-B kombinieren. Der „Doubler" genannte Bagger war ein recht komplexer Entwurf und versprach gute Leistungen. Eine echte Verbesserung stellte er allerdings nicht dar. So wurden 1968 nur zwei 150-BD mit 9,9-Kubikmeter-Löffel und 1970 ein 190-BD mit 12,9-Kubikmetern gebaut. Nachdem das Pro-

P&H 2250 SERIES A
Eine verbesserte Version des 2250 stellte P&H Ende 1994 mit der A-Serie mit 19-Kubikmeter-Schaufel vor. Angetrieben wurde der neue Bagger von einem vierfach aufgeladenen Caterpillar 3516. Außerdem gab es ein neues Computerdiagnose-System und einen verbesserten Unterwagen.
P&H Mining

Tagebaubagger 115

CATERPILLAR 5230
Caterpillar stellte seinen größten Hydraulikbagger 1994 vor. Eine verbesserte Version 5230B kam im November 2001 heraus. Den Antrieb besorgt ein Cat 3516B EUI mit 1565 PS.
Keith Haddock

gramm eingestellt war, wurden die drei Doubler auf herkömmliche Technik zurückgerüstet.

Bucyrus Eries britische Tochter Ruston-Bucyrus baute eine Reihe kleinerer hydraulischer Steinbruchbagger. So entstanden 1980 und 1981 der 220-RS und der 375-RS. Die Prototypen des 220-RS waren in den späten 70er-Jahren gebaut worden. Der 375-RS war eigentlich ein umgewandelter Bucyrus Erie 350-H aus dem Jahr 1979. Im Vergleich zur Konkurrenz waren das eher kleinere Modelle.

1981 stellte Bucyrus Erie den 500-H vor. Mit 112 Tonnen war er für seine Zeit schon ein respektables Gerät, auch für amerikanische Verhältnisse. Es gab ihn nur mit einem 6,8 Kubikmeter großen Tieflöffel. Ihm folgte schon im Jahr darauf der 550-HS. Mit einem Betriebsgewicht von 140 Tonnen war er nur wenig kleiner als der Koehring 1466FS, der im Jahr zuvor präsentiert worden war. Den Antrieb des 550-HS besorgte ein 610 PS starker Detroit-Diesel 12V-92T. Die Standardschaufel maß 7,6 Kubikmeter. Sowohl der 500-H als auch der 550-HS waren sehr moderne Entwürfe, doch in der beginnenden Rezession hatten sie keine Chance auf dem Markt. Wären sie nur wenige Jahre früher entwickelt worden, wäre ihre Geschichte wohl ganz anders verlaufen. So wurden nur neun 500-H und zwei 550-HS gebaut, bis Bucyrus Erie 1984 das Hydraulikbagger-Programm fallen ließ.

Bucyrus Eries schärfster Rivale Marion versuchte sich ebenfalls in Bau und Vermarktung von Hydraulikbaggern. Marion hatte noch keinen im Programm gehabt und konzentrierte sich gleich auf die Entwicklung größerer Bergbau-Geräte. Außerdem sollte es nur ein Modell geben, das sich aber in zweierlei Konfiguration bauen ließe. 1981 präsentierte Marion den 3560. Es gab ihn bald sowohl mit Schaufel als auch mit Tieflöffel. Der 3560 war eine klar gezeichnete, schnörkellose und robuste

HITACHI EX 2500

Den EX 2500 in „Super-EX"-Ausführung stellte Hitachi Anfang 1996 vor. Er hatte eine 13,9-Kubikmeter-Schaufel und wog 263 Tonnen. Er passte genau in die Lücke zwischen EX 1900 und EX 3600. Das Bild zeigt einen EX 2500 im September 1996 in der Lone-Tree-Mine der Santa Fé Pacific Gold Corporation in Nevada. Es war der erste, der in die USA geliefert wurde. *ECO*

HITACHI EX 2500

Neben der Version mit Klappschaufel gab es den Bagger auch in Tieflöffel-Konfiguration. Die Standardgröße betrug 13,8 Kubikmeter, das Gewicht 260 Tonnen. Ein Cummins KTA50-C lieferte 1250 PS. Das Foto zeigt einen EX 2500 von P&M in der Kemmerer-Mine im Westen von Wyoming. *ECO*

Tagebaubagger **117**

LIEBHERR R995

Liebherr präsentierte die R995-Reihe 1998. Mit einer 22,8-Kubikmeter-Schaufel wiegt der R995 456 Tonnen. Ein MTU 16V4000E20 liefert 2160 PS. Das Foto entstand im Oktober 2000 bei der MINExpo in Las Vegas und zeigt den ersten R995 mit Klappschaufel.
ECO

HITACHI EX 5500

Den EX 5500 treibt ein Paar Cummins KTA50-C mit 2525 PS an. Er wiegt rund 570 Tonnen. Dieser ist in einer Kohlenmine in Australien im Einsatz und hat einen 28,9-Kubikmeter-Löffel.
Urs Peyer

118 Kapitel IV

Maschine. Zwei Caterpillar-Diesel 3412PCTA leisteten zusammen 1420 PS. Daneben gab es eine Version mit elektrischem Antrieb. Zunächst standen eine 15,2-Kubikmeter-Schaufel und ein 12,2-Kubikmeter-Tieflöffel zur Verfügung, später wuchs die Kapazität auf 16,7 respektive 13,7 Kubikmeter. Frühe Ausführungen des 3560 wogen 300 bis 312 Tonnen, spätere bis zu 330 Tonnen. Somit war das Modell nur wenig kleiner als der Demag H 241 und zu seiner Zeit der größte Hydraulikbagger aus amerikanischer Produktion. Allerdings teilte er das Schicksal der übrigen großen Modelle, die das Pech hatten, zum Beginn der Wirtschaftsflaute auf den Markt zu gelangen. Mangel an Kunden und immer kleinere Entwicklungsbudgets bremsten Marions Hydraulikbagger-Programm aus. Der Hersteller schrammte haarscharf an der Pleite vorbei. Nicht zuletzt die Entwicklung des SuperFront hatte viel Geld gekostet. Mit dem Hydraulikbagger-Programm hatte Marion sich schlicht übernommen. 1989, die beiden letzten 3560 waren gerade fertig geworden, wurde es kurzerhand gestoppt. Bei den letzten beiden

HITACHI EX 5500

Die Super-EX-Ausführung des 5500 stellte Hitachi im Juli 1998 vor. Der erste ging an die North American Construction in Alberta, die ihn dort im Auftrag der Syncrude in der Aurora-Mine einsetzte. Das Foto zeigt ihn im Oktober 2001 beim Beladen eines Komatsu 930E mit 320 Tonnen Nutzlast.

Tagebaubagger **119**

LIEBHERR R996

Der R996 Litronic ist der größte im Liebherr-Programm. Er wurde 1995 präsentiert. Die Schaufel fasst 33,7 Kubikmeter. Frühe Exemplare brachten um die 600 Tonnen auf die Waage, mittlerweile wiegt ein R996 700 Tonnen. Der erste in die USA gelieferte ist hier im Einsatz in Kalifornien im Mai 2002 zu sehen.
ECO

LIEBHERR R996

Die Kraft für den R996 liefern zwei große Cummins K1800E mit zusammen 3030 PS. Mit seiner 33,7-Kubikmeter-Schaufel scheint dem R996 kaum eine Erdbewegungs-Aufgabe zu schwierig.
ECO

120 Kapitel IV

Exemplaren handelte es sich um auf Lastkähne montierte 3560-Tieflöffelbagger mit 17,7 Kubikmetern für die AOKI Marine Company in Japan.

Als letzter der drei großen Hersteller schuf P&H Harnischfeger in seinem Programm Platz für Hydraulikbagger. P&H hatte bereits allerhand Erfahrung mit der Technik, nicht zuletzt aus Firmenpartnerschaften und -übernahmen in den 60er- und den 70er-Jahren. Das Unternehmen stellte Hydraulikbagger her, seit es 1964 die Rechte für den Bau eines kleinen Baggers von der Cabot Corporation im texanischen Pampa übernommen hatte. Als erstes Modell stellte P&H 1965 den H310 mit Tieflöffel vor. Bald folgten die Muster H312 und H418, beide ebenfalls in Tieflöffel-Konfiguration. An ihre Stelle traten 1974 respektive 1975 die Modelle H-750 und H-1250. Von 1970 bis 1974 baute P&H in Lizenz von O&K größere Modelle. Der größte war der 2,5-Kubikmeter-Typ H-2500, der auf dem O&K RH 25 basierte.

1978 stellte P&H die neue Serie 1200 vor, die es im folgenden Jahr auch mit Tieflöffel gab. Das Modell war in Dortmund entwickelt worden und wurde dort auch gebaut. Nachdem der Entwurf ausgereift war, wurde die Produktion in die USA verlegt. Mit 179 Tonnen Betriebsgewicht gehörte der 1200 in die Klasse der großen europäischen Konkurrenten jener Zeit. Er hatte eine Kapazität von acht, mit Tieflöffel sechs Kubikmetern. Die Kraft lieferten zwei Dieselmotoren mit zusammen 870 PS. 1986 kam ein gründlich überarbeitetes Modell mit der Bezeichnung 1200B heraus. Er verfügte über die gleiche Antriebsleistung, hatte aber nun eine 9,9-Kubikmeter-Schaufel und wog

LIEBHERR P996

Neben den normalen R996 bietet Liebherr das Modell auch als Lastkahnversion an. Der Pontonbagger P996 ist hier im Einsatz 2001 beim Bau eines Bewässerungssystems in Oberägypten zu sehen. Er hat einen 25 Meter langen Ausleger und einen zwölf Meter langen Stiel mit einem 5,7 Kubikmeter großen Löffel.
Liebherr France

Tagebaubagger **121**

LIEBHERR R996

Besonders der Version des R996 mit Tieflöffel-Ausrüstung ist ein großer Erfolg beschieden. Er wiegt mit 29,8-Kubikmeter-Löffel 689 Tonnen. Das Bild zeigt einen R996 der Firma Thiess in der Mt.-Owen-Mine in Australien.
Urs Peyer

210 Tonnen. Die beiden Muster verkauften sich in den 80er-Jahren nicht schlecht, doch die Konkurrenten O&K, Demag und Hitachi waren einfach erfolgreicher. P&H kündigte 1983 einen deutlich größeren Hydraulikbagger an. Der 2200 sollte 393 Tonnen auf die Waage bringen. Doch in der schwierigen Zeit hielten sich die Kunden zurück, und so wurde nie ein 2200 gebaut. Doch die Eckdaten der Entwürfe dienten später als Basismaterial für einen neuen großen Bagger, den P&H dann in den 90er-Jahren präsentierte. Er erhielt die Bezeichnung 2750.

In den 80ern hatten die US-Hersteller die Aufholjagd auf die europäischen Konkurrenten begonnen, die immer größere und modernere Hydraulikbagger auf den Markt warfen. Der größte war damals der Demag H 485. Seine Vorstellung krönte ein erfolgreiches Jahr für Demag. Der Hersteller hatte bereits mit dem H 285 einen größeren Typ vorgestellt. Mit 14 Kubikmetern und 329 Tonnen war er ein Schwergewicht für einen Hydraulikbagger, aber ein Fliegengewicht im Vergleich zum neuen H 485. Der übernahm mit seiner Einführung den Titel des größten Hydraulikbaggers der Welt. Mit beeindruckenden 600 Tonnen übertraf er den bisherigen Rekordhalter O&K RH 300 deutlich. Riesig war auch die 23,6-Kubikmeter-Schaufel. Spätere Serienmodelle hatten gar 25,9 Kubikmeter große Schaufeln. Ein einzelner Diesel vom Typ MTU 16V-396TC43 mit 2125 PS trieb den Koloss an. Es gab den H 485 auch mit 25,9 Kubikmeter großem Tieflöffel und mit Elektroantrieb.

Die guten Verkaufszahlen machten wieder Mut nach den schlechten Zeiten. Der RH 300 war schlicht zum falschen Zeitpunkt gekommen, für den H 485 galt genau das Gegenteil. Er wurde just zu einem Zeitpunkt vorgestellt, da die großen Minengesellschaften weltweit ihre Geräteparks ergänzten und auf den neuesten Stand brachten. Zum Ende der 80er-Jahre verkaufte Demag recht viele H 485, und der Erfolg mit dem kleineren H 285 überraschte auch die Fachleute.

122 Kapitel IV

DEMAG H285S

1986 ersetzte Demag den H241 durch den verbesserten H285. Der verfügte über eine Leistung von 1500 PS und hatte in der Standardversion eine 14-Kubikmeter-Schaufel. Er wog 329 Tonnen betriebsbereit. 1992 kam die verbesserte Serie H285S mit 19-Kubikmeter-Klappschaufel und 1700 PS.
Komatsu Mining

KOMATSU PC4000

Ende 1999 wurde aus dem H285S der Komatsu PC4000. Er hatte einen neuen Führerstand und mehr Leistung. Die Standard-Klappschaufel ist 21,3 Kubikmeter groß, der Tieflöffel 22 Kubikmeter. Das Bild zeigt einen PC4000 im März 2002 in einer australischen Kohlenmine.
Urs Peyer

Tagebaubagger

DEMAG H455S
In direkter Konkurrenz zum O&K RH 200 steht der 1995 vorgestellte Demag H455S in der 25-Kubikmeter-Klasse. Der Antrieb bestand aus zwei Cummins KTTA38-C mit 2165 PS. Die Aufnahme zeigt den 540-Tonnen-Prototyp beim Einsatz in der Apirsa-Zinkmine der Boliden Mineral in Aznalcollar in Spanien. Der Elektromotor leistet 1700 Kilowatt. Ab 1999 hieß der H455S dann Komatsu PC5500. *Komatsu Mining*

Auch Liebherr erweiterte in den 80er-Jahren sein Hydraulikbagger-Angebot. Der R 992 etwa wurde 1986 vorgestellt. Er war 157 Tonnen schwer, hatte einen 810-PS-Motor und eine Kapazität von 9,1 Kubikmetern. Den größeren R 994 gab es schon seit 1984. Er brachte 230 Tonnen auf die Waage, hatte einen 1060-PS-Antrieb und 13,4 Kubikmeter Schaufelinhalt. Beide Modelle gab es auch mit Tieflöffel. Die großen Hydraulikbagger verkauften sich bis weit in die 90er sehr gut und schufen die Basis für noch größere Modelle.

Für die japanischen Hersteller waren die 80er-Jahre eine gute Zeit. Hitachi etwa machte Riesenschritte in der Entwicklung. Mit „Giant-EX" wurde 1987 eine völlig neue Generation von Bergbaubaggern eingeführt. Die größten Vertreter dieser Familie waren die Modelle EX 1800 und EX 3500. Der 193 Tonnen schwere EX 1800 mit 10,2 Kubikmetern und 930-PS-Antrieb war bestens geeignet für den Einsatz in Steinbrüchen. Der EX 3500 wog dagegen stolze 362 Tonnen, hatte einen 1680-PS-Antrieb und 17,9 Kubikmeter Kapazität. Vom Start weg waren die beiden großen Hitachi-Modelle erfolgreich auf dem Weltmarkt – und nicht zuletzt auf dem wichtigen US-amerikanischen. Hitachi lockte mit günstigen Preisen und machte so den Rivalen aus

DEMAG H485S

Demag brachte den ersten H485S in den USA 1993 in der Pinto-Valley-Mine der Magma Copper in Arizona zum Einsatz. Der Elektromotor leistete 2100 Kilowatt, der Bagger hatte eine 33,4-Kubikmeter-Schaufel. Ende 1994 wurde der Bagger ins Ray-Revier der ASARCO nach Hayden in Arizona verlegt. 1997 wurde er an die Reading Anthracite Company nach Pottsville, Pennsylvania, verkauft. Das Bild zeigt ihn im September 1996 in ASARCO-Diensten.
ECO

DEMAG H685SP

Im März 1995 lieferte Demag eine Spezialversion H685SP für Klemke and Son Construction nach Alberta. Der Antrieb besteht aus zwei Caterpillar 3516DI-TA mit 3770 PS. Auf dem Bild ist er kurz vor dem ersten Einsatz im Ölsand zu sehen.
Gary Middlebrook

Tagebaubagger

DEMAG H685SP
Der Demag für Klemke trug die Bezeichnung H685SP. Nach der Auslieferung entschloss sich Demag jedoch, den Typ in H485SP umzubenennen. Doch der Bagger befand sich bereits im Einsatz, und Klemke wollte es bei der nunmehr einzigartigen Benennung belassen. Hier ist der Bagger 2001 beim Beladen eines Caterpillar 793B mit 240 Tonnen Nutzlast zu sehen.
Keith Haddock

Europa heftig Konkurrenz. Vom 3500 verkaufte das Unternehmen eine bis dato in dieser Klasse unerreicht hohe Zahl, und der Erfolg hielt bis weit in die 90er-Jahre an.

Aus Japan kam auch der SMEC 4500. Der war in den Konstruktionsbüros der Surface Mining Equipment for Coal Technology Research Association entwickelt worden. In der SMEC hatten sich elf japanische Hersteller zusammengetan, um einen großen Bagger für den heimischen Markt zu schaffen. Den SMEC 4500 entwarfen Mitsubishi Heavy Industries und Kobe Steel. Gebaut wurde er im Werk Takasago von Kobe. Die Daten waren beeindruckend: 2450 PS, Kapazität von 14,9 bis 29,8 Kubikmetern, Betriebsgewicht 463 Tonnen. Der Prototyp wurde im November 1987 zum Testeinsatz nach Australien gebracht. Nach der Erprobungsphase blieb er dann in der Blackwater-Mine der BHP-Utah im Bowin-Becken in Queensland. Im März 1988 wurde er offiziell als betriebsbereit übergeben. Allerdings trennten sich Anfang der 90er-Jahre die Partner des Joint Venture, und das Projekt wurde aufgegeben. So wurde nur ein einziger dieser Riesen gebaut.

Ebenfalls ein Einzelstück blieb der Uralmash EG-20 aus der Sowjetunion. Der elektrisch betriebene Großbagger war etwas überentwickelt. Die 507 Tonnen schwere Konstruktion mit 19,8 Kubikmetern war groß und extrem komplex. 1985 kam der Prototyp erstmals zum Einsatz. Er sollte dann der einzige seiner Art bleiben.

Von der technischen Entwicklung in den 80er-Jahren hat wohl am meisten O&K profitiert. Zwar hatte der Hersteller mit dem RH 300 einen schlim-

DEMAG H685SP

Der H685SP hat eine 35-Kubikmeter-Klappschaufel mit 70 Tonnen Nutzlast. Das Betriebsgewicht beträgt 755 Tonnen. Die Aufnahme von 1997 zeigt ihn bei der Arbeit in der Base-Mine von Syncrude.
ECO

KOMATSU-DEMAG H655S

Im Mai 1998 brachte Komatsu-Demag den ersten H655S in den Northwest Territories in Australien zum Einsatz. Er kam in die Ekati-Diamantenmine der BHP. Der Antrieb bestand aus zwei Caterpillar 3516DI-TA mit 2825 PS. Die Standardschaufel maß 35 Kubikmeter, das Gewicht betrug 755 Tonnen. Ab 1999 hieß die Serie PC 8000.
Komatsu Mining

Tagebaubagger **127**

KOMATSU-DEMAG H740 OS
Das Modell wurde eigens für die KMC Mining (Klemke) und den materialmordenden Einsatz im Ölsand-Abbau entworfen. Er bringt 815 Tonnen auf die Waage, die Standardschaufel fasst 39,7 Kubikmeter. Der Bagger wurde im Januar 1999 in Dienst gestellt.
Keith Haddock

men Misserfolg hinnehmen müssen. Das hinderte O&K allerdings nicht daran, eine ganze Reihe hochmoderner Baggerserien zu entwickeln. Mit „Tripower" wurde außerdem eine für die gesamte Hydraulikbagger-Entwicklung bedeutende Neuerung eingeführt. Diese Kinematik, die in jeder Auslegerposition die Schaufelstellung winkelkonstant hält, erhöhte die Vorschubkraft um bis zu 50 Prozent. Im Verlauf des Jahres 1981 wurde sie in Steinbrüchen und Gruben in ganz Europa getestet und im Jahr darauf mit dem neuen RH 40C auf den Markt gebracht.

Über Tripower verfügte auch der stärkste Bagger aus dem Hause O&K. Der RH 120C war einer der besten des Herstellers und wurde auf der ´83er BAUMA gezeigt. Er wurde bald ein Verkaufsschlager. Das Gewicht betrug 232 Tonnen, die Leistung rund 1000 PS, die Schaufel maß zwölf Kubikmeter. Dank der enorm guten Leistungen und dank Tripower setzte er sich schnell durch und obendrein einen neuen Maßstab, an dem sich jeder andere neue Bagger zu messen hatte.

1986 stellte O&K dann den RH 90C vor, der zwischen den Modellen RH 75C und RH 120C angesiedelt war. Er wog 179 Tonnen, hatte 890 PS und eine 10-Kubikmeter-Schaufel. Im Einsatz erwies er sich als unglaublich robust. Wie alle O&K-Bagger gab es auch den RH 90C alternativ mit Elektroantrieb und mit Tieflöffel. O&K beendete die Dekade mit einem ganz großen Wurf. Der unglaubliche RH 200 sollte einer der erfolgreichsten großen Hydraulikbagger im Bergbau werden. Vorgestellt wurde er

auf der 1989er BAUMA in München. Der ursprüngliche Entwurf war 441 Tonnen schwer, spätere Modelle erreichten bis zu 529 Tonnen, fast so viel wie einst der RH 300. Die Leistung betrug 2120 PS, die Schaufel fasste 19,8 Kubikmeter – mit über die Jahre ebenfalls zunehmender Tendenz. Der erste RH 200 ging nach Großbritannien. Im Mai 1989 wurde er der Budge Mining in West Chevington in Northumberland geliefert. Budge gehörte schon lange zur Kundschaft von O&K und war begierig darauf, den RH 200 auf Herz und Nieren zu prüfen. Das Ergebnis überzeugte offenbar. Die Budge-Leute waren derart angetan, dass sie schon im November einen zweiten RH 200 orderten.

In den Vereinigten Staaten war den meisten Herstellern der Einstieg in den Markt für große Hydraulik-Bergbaubagger bis dato gründlich misslungen.

TEREX O&K RH 200
Der RH 200 ist so perfekt, wie es sich nur wünschen lässt. Heutige Exemplare haben eine 25,8-Kubikmeter-Schaufel. Der Tieflöffel fasst in der Standardgröße 21 Kubikmeter. Das Betriebsgewicht beträgt 529 Tonnen.
ECO

TEREX O&K RH 200
Zwei Cummins KTA38C-1200 treiben den RH 200 an und leisten 2125 PS. Er lässt sich aber auch mit einem 1600 Kilowatt starken Elektroantrieb ordern. Das Bild vom Juni 2000 zeigt einen dieselgetriebenen RH 200 im Powder-River-Becken. Der RH 200 firmiert heute unter der Bezeichnung Terex TME 200.
ECO

Tagebaubagger   **129**

TEREX O&K RH 120E
Der RH 120E ersetzte im Oktober 1999 den bereits 1983 vorgestellten RH 120C. Den Antrieb besorgte ein Cummins QSK19-C mit 1300 PS. Sowohl Standard-Schaufel als auch Tieflöffel fassen 14,9 Kubikmeter. Das Bild zeigt einen RH 120E mit Tieflöffelausrüstung beim Einsatz im Mai 2002 bei der Firma Schwenk in Allmendingen.
Urs Peyer

Einzig P&H Harnischfeger hatte zu Beginn der 90er-Jahre ernst zu nehmende Modelle im Programm. 1989 ersetzte P&H den 1200B durch das 229-Tonnen-Modell 1550. Ein Cummins-Diesel leistete 1100 PS, die Schaufel fasste 19 Kubikmeter. Doch die Entwicklung des Hydraulikbagger-Programms hatte P&H viel Geld gekostet. Zudem konnte das Unternehmen sich auf dem Markt letztlich nicht durchsetzen. Bis 1996 bot es die Modelle 1550 und 2250A an – mit äußerst bescheidenem Erfolg. Sobald die Lagerbestände verkauft waren, stellte P&H den Betrieb im Hydraulikbagger-Werk in Milwaukee ein.

Ganz anders erging es Caterpillar. Das Unternehmen hatte bereits seit 1972 Hydraulikbagger gebaut, allerdings nie Modelle der Größenordnung, wie sie die Konkurrenz aus Europa und Japan anbot. Das änderte sich im Oktober 1992. Auf der Messe des American Mining Congress in Las Vegas wurde der 5130 enthüllt. Der war von Grund auf als Schwerlast-Minenbagger konstruiert worden. Es handelte sich also nicht etwa um ein aufgemotztes älteres Modell. Der 5130 war der erste in der Serie 5000, in der in den 90ern noch so manches Modell erscheinen sollte. Der erste 5139 wog 188 Tonnen und wurde von einem Diesel vom Typ Cat 3508 mit 760 PS angetrieben. Die Standard-Kapazität war mit 10,5 Kubikmetern angegeben. 1993 kam die ME-Konfiguration (ME steht für „mass excavation", also Massenaushub) mit einem zehn Kubikmeter fassenden Mehrzweck-Tieflöffel hinzu. Im Laufe der Jahre wurden die 5130 immer moderner und besser – und schwerer. Das Dienstgewicht stieg bis 1995 auf 193 Tonnen. 1997 wurde das überarbeitete Modell 5130B eingeführt. Die Leistung betrug nun 810 PS. Die Ladeschaufel maß elf Kubikmeter, die des ME 10,4 Kubikmeter. Das Betriebsgewicht betrug 200 Tonnen. Bis 2002 wurde der 5130B in dieser Konfiguration angeboten.

Der größte Cat-Hydraulikbagger ist der 5230. Angekündigt 1993, wurde das erste Exemplar 1994 ausgeliefert. Mit 347 Tonnen und einer Schaufelgröße von 16,8 Kubikmetern zielte er auf den Markt, den der Hitachi EX 3500 beherrschte. Ein Cat 3516 mit 1500 PS diente als Antrieb. 1995 ergänzte Caterpillar das Angebot um einen 15,5-Ku-

Kapitel IV

O&K RH 400 11-35
Den großartigen RH 400 stellte O&K im Oktober 1997 vor. Mit 41,8-Kubikmeter-Schaufel und 910 Tonnen stellte er einen neuen Weltrekord für Hydraulikbagger auf. Zwei Cummins K2000E liefern 3385 PS. Der abgebildete 11-35 wurde 1997 in der Base-Mine von Syncrude fotografiert.
ECO

O&K RH 170
Der RH 170 wurde 1995 als 17,9-Kubikmeter-Bagger vorgestellt. Zwei Cummins KT38-C98 mit 1680 PS treiben ihn an. Es gibt auch eine Version mit 17,4-Kubikmeter-Tieflöffel. Seit 2003 heißt das Modell Terex TME 170.
Terex Mining

Tagebaubagger 131

O&K RH 400 11-36
Der zweite RH 400 für Syncrude war der 11-36, der im Mai 1998 geliefert wurde. Er wurde mit zwei leistungsfähigeren Cummins K2000E mit zusammen 3650 PS ausgestattet, bald jedoch auf ganz neue Cummins QSK60 ausgerüstet, die 4040 PS leisten. Das Bild zeigt ihn im Oktober 2001.
ECO

bikmeter-ME-Löffel. Der neue 5230 bewährte sich in der Praxis gut. Wie schon der 5130 litt auch der 5230 anfangs allerdings unter Zuverlässigkeitsmängeln und Pannen. Doch dank des engmaschigen Händlernetzes ließen sich Schäden stets rasch beheben. So entwickelte sich die 5230-Serie bald zum dominierenden Modell in dieser Gewichtsklasse. 2001 stellte Caterpillar eine weitere Version vor. Der 5230B wog 361 Tonnen, und die Leistung war auf 1570 PS gestiegen. Die Löffelgrößen waren etwa die gleichen geblieben, es gab nun einen Felslöffel von 16 Kubikmetern Fassungsvermögen.

Hitachi konterte prompt mit neuen und verbesserten Modellreihen. 1991 wurden die „Super-EX" präsentiert. Diese Bergbaubagger waren noch zuverlässiger und leistungsstärker. Der neue EX 1800 wog 199 Tonnen und hatte eine 10,4 Kubikmeter

große Schaufel. Die Leistung betrug 910 PS. Der EX 3500 brachte 368 Tonnen auf die Waage und hatte einen 1650-PS-Antrieb. 1996 kam der EX 2500 als Super-EX heraus. Er füllte die Lücke zwischen EX 1800 und EX 3500. Der 1260 PS starke Cummins-Diesel erlaubte den Einsatz einer 13,9-Kubikmeter-Ladeschaufel oder eines 13,7-Kubikmeter-Tieflöffels. Zur MINExpo 2000 in Las Vegas kündigte Hitachi eine verbesserte Version des EX 3500 an. Der EX 3600 wiegt 386 Tonnen, hat einen 1900-PS-Antrieb und eine 21-Kubikmeter-Schaufel. 2001 verbesserte Hitachi außerdem den 1800, der seither unter EX 1900 läuft. Betriebsgewicht: 205 Tonnen; Leistung: 1035 PS; Schaufelgröße: elf Kubikmeter.

1998 kam der gigantische EX 5500 heraus. Er schlug sogar den SMEC 4500 und war somit der bis dato größte japanische Hydraulikbagger. Sein Be-

132 Kapitel IV

triebsgewicht von 570 Tonnen brachte ihn in die gleiche Gewichtsklasse wie den O&K RH 200. Zwei Cummins-Diesel liefern 2525 PS für den Einsatz einer 27 Kubikmeter großen Ladeschaufel oder eines 29-Kubikmeter großen Tieflöffels. In nur kurzer Zeit hat sich der EX 5500 bestens in Australien, in Kanada und in den USA eingeführt.

Gegen Ende des 20. Jahrhunderts brachten die europäischen Hersteller immer größere Hydraulikbagger heraus, die alles in den Schatten stellten, was aus den USA und aus Japan kam. Liebherr etwa setzte seine Erfolgsserie fort, die das Unternehmen mit den Reihen R 991, R 992 und R 994 begonnen hatte. 1997 kündigte der Hersteller die neue Serie R 995 an, deren erstes Exemplar im folgenden Jahr ausgeliefert wurde. Der Bagger mit Tieflöffel ging nach Spanien. Der R 995 wog 456 Tonnen, verfügte über 2160 PS Leistung und ein Löffelvolumen von 22,8 Kubikmetern. Im Jahr 2001 folgte ein verbesserter R 994B mit 326 Tonnen Betriebsgewicht, 1140 PS und 17,9-Kubikmeter-Schaufel. Erheblich größer als der ursprüngliche R 994, war die B-Version bestens gerüstet für künftige Aufgaben.

Das größte Liebherr-Modell ist der R 996. Der 1995 eingeführte Bagger ist ein herausragender Entwurf in seiner Gewichtsklasse. Das Betriebsgewicht beträgt bis zu 656 Tonnen, der Tieflöffel ist 33 Kubikmeter groß, die Klappschaufel fasst 34 Kubikmeter. Zwei Cummins-Diesel K1800E leisten 3046 PS. Meist wird die Version mit Tieflöffel geordert, namentlich von Kunden in Australien. Der Oberwagen lässt sich auch auf Lastkrähne montieren. Diese Konfiguration ist die weltweit größte mit Hydraulikbagger.

Für Mannesmann Demag waren die 90er eine Zeit des Wandels. Im November 1995 unterzeichneten Demag-Vertreter ein Abkommen mit der Komatsu Ltd. Es entstand die Demag-Komatsu GmbH. Von nun an trugen alle Produkte den Namen Demag-Komatsu. Im Februar 1999 übernahm dann Komatsu komplett das Ruder und die Kontrolle über Entwicklung und Fertigung in Deutschland. Das Unternehmen heißt heute Komatsu Deutschland GmbH. Der Name Demag taucht im Programm nicht mehr auf.

1997 führte Demag-Komatsu den 265-Tonnen-Bagger H255S ein, der den H185S ersetzte. Ende

O&K RH 400 11-37
Im April stellte Syncrude den ersten von zwei neuen RH 400 für die Aurora-Mine in Dienst. Die beiden hatten längere Ausleger, neue Unterwagen, erhöhte Führerstände, 43,2-Kubikmeter-Schaufeln und zwei mächtige Caterpillar-Diesel 3516B mit 4450 PS. Das Bild zeigt den 11-37 im Oktober 2001 beim Beladen eines 320-Tonnen-Komatsu 930E.
ECO

Tagebaubagger **133**

O&K RH 400 11-37
Nach all den Verbesserungen am Grundentwurf waren die beiden neuen RH 400 für Syncrude nun jeweils 985 Tonnen schwer geworden – ein weiterer Rekord für Hydraulikbagger. *ECO*

1999 wurde aus dem H225S dann der PC3000. Zu diesem Zeitpunkt war der Bagger bloß ein umbenannter H225S. Zwei Jahre später aber wurde das Modell überarbeitet, und die Schaufelgröße wuchs von 14,1 auf 14,8 Kubikmeter. Das Betriebsgewicht betrug nun 285 Tonnen. Der nächstgrößere Bagger im Demag-Programm war der erfolgreiche H285, der seit 1992 als H285S mit 369 Tonnen geführt wurde und nach der Übernahme durch Komatsu als PC4000. Im Jahr 2000 erhielt er ein neues Äußeres, das Gewicht war auf 425 Tonnen gestiegen und die Schaufel von 19 auf 21,2 Kubikmeter gewachsen.

Nach dem H285S/PC4000 kam der H455S, vorgestellt 1994 und erstmals ausgeliefert Mitte 1995. Natürlich erhielt auch diese Serie 1999 einen neuen Namen. Der PC5000 wurde danach ebenfalls erneuert und 2000 mit neuem Führerstand vorgestellt. Er brachte 540 Tonnen auf die Waage und hatte eine 25-Kubikmeter-Schaufel.

Das Demag-Topmodell war der H485 (seit 1992 H485S). Dieser legendäre 700-Tonnen-Bagger hatte eine 33,5 Kubikmeter große Schaufel und eine Leistung von 3030 PS. Eine Sonderausführung wurde 1995 an die Klemke Mining Corporation in Fort McMurray in der kanadischen Provinz Alberta geliefert. Der H685SP war schwerer und leistungsfähiger als der H485S. Er brachte es auf 755 Tonnen und 3770 PS sowie eine 35-Kubikmeter-Schaufel. Später änderte Demag die Bezeichnung in H485SP, doch Klemke bestand darauf, den einzigen H685SP zu besitzen, und so blieb diesem Bagger die Typbezeichnung erhalten.

Der Riesen-Demag wurde noch weiter entwickelt. Im Mai 1998 ging der erste H655S in Betrieb. Er wog 755 Tonnen, hatte eine 35-Kubikmeter-Schaufel und 3750 PS. Außerdem verfügte er über einen verbesserten Ausleger. Im Januar 1999 gab es dann erneut eine Sonderanfertigung für Klemke Mining. Das Einzelstück H740OS hat eine 39,8-Kubikmeter-

O&K RH 400 11-38

Als zweiter der neuen RH 400 kam im Mai 2000 der 11-38 bei Syncrude an. Er ist praktisch ein Zwilling des 11-37. Das Bild zeigt ihn im Juni 2001 beim Beladen eines 386-Tonnen-Caterpillar 797.

Keith Haddock

TEREX O&K RH 400E
Im Juli 2000 kam der erste Terex O&K RH 400 in den USA zum Einsatz. Der Bagger mit Elektroantrieb wurde an die Kennecott Energy für die Jacobs-Ranch-Mine geliefert. Im Mai 2001 wurde er in einer dreiwöchigen Operation in die Antelope-Mine verlegt.
Michael Hubert

Schaufel und wiegt betriebsfertig 815 Tonnen. Das macht ihn zum schwersten aller H485-Derivate. Folgerichtig hieß der H655S dann ab 1999, dem Jahr der kompletten Übernahme durch Komatsu, PC8000. Der erste unter der neuen Bezeichnung ging Ende des Jahres nach West-Australien. Er war noch unverändert nach den Spezifikationen für den H655S gebaut worden. Erst 2003 wurde der PC8000 überarbeitet. Es gab nun einen neuen Führerstand, und den Antrieb besorgten zwei Komatsu SDA16V160 mit rund 4000 PS. Die Version mit Elektroantrieb leistete 2900 Kilowatt. Mit Klappschaufel bringt es der PC8000 auf 788 Tonnen Betriebsgewicht, mit Tieflöffel auf 800 Tonnen. Die Standardschaufel fasst 38 Kubikmeter. Die ersten drei Exemplare gingen an die CVRD nach Brasilien, die bereits einen Fuhrpark von sieben älteren H485 besitzt. Es sind allesamt Bagger mit Elektroantrieb.

O&K machte in den 90er-Jahren ähnlich Gravierendes durch wie Demag. Es wurden neue große Baumuster entwickelt und vorgestellt, und es gab dramatische Veränderungen der Besitzverhältnisse. Im Dezember 1997 wurde öffentlich, dass die Orenstein und Koppel AG ihren Bergbaubagger-Zweig, die O&K Mining GmbH, an die Terex Mining Equipment verkaufen würde, eine Tochter der großen Terex Corporation. Anfang 1998 war der Handel perfekt. O&K Mining gehörte nun zur Terex-Gruppe und war Teil der neuen Terex Mining mit Sitz in Tulsa, Oklahoma. Nach wie vor werden die Bagger mit dem Terex-Signet in Dortmund gebaut.

Zu Beginn des neuen Jahrhunderts war der RH 200 immer noch der meistverkaufte Hydraulik-Minenbagger in der Klasse über 500 Tonnen. Bis Ende 2002 waren fast 90 Stück verkauft. Die meisten sind in Australien und in Südafrika im Einsatz. Ein durchschnittlicher RH 200 wiegt 530 Tonnen und hat einen Antrieb mit 2125 PS. Die Standardschaufel fasst 25,9 Kubikmeter. Abgesehen von der neuen Farbgebung – weiß statt rot – hat sich ansonsten nichts am RH 200 verändert.

Ebenfalls bestens bewährt und begehrt ist der RH 120C. Vom Produktionsstart 1983 an war er Marktführer in seiner Klasse. Im Oktober 1999 stellte Terex eine überarbeitete Version vor. Der RH 120E wiegt 292 Tonnen, leistet 1300 PS und hat eine Standard-Kapazität von 14,9 Kubikmetern. Das sind Spitzenwerte in dieser Gewichtsklasse. Das schlägt sich in den Verkaufszahlen nieder: Bis Ende 2002 waren mehr als 240 Exemplare ausgeliefert.

In die Lücke zwischen RH 200 und RH 120C setzte O&K den RH 170. Mit 397 Tonnen, 1680 PS und 17,8-Kubikmeter-Schaufel in der Standard-Version nahm er es mit allen Konkurrenten auf. Offiziell enthüllt wurde der RH 170 während der BAUMA 1995. Als er 1998 ein Terex wurde, änderte sich nur die Farbgebung.

Noch vor der Übernahme hatte O&K einen weiteren großen Bagger vorgestellt und damit für eine veritable Sensation gesorgt. Der RH 400 war der größte Hydraulikbagger der Welt. Er war eigens für den materialmordenden Einsatz im Ölsand-Abbaugebiet von Fort McMurray in Kanada entworfen worden und ging an die Syncrude. Die Aufgaben, für die der RH 400 gedacht ist, sind echte Herausforderungen für die größten und stärksten Bagger, und das neue Modell sollte nicht enttäuschen. 18 Monate dauerten Entwicklung und Bau. Ingenieurteams von O&K und von Syncrude arbeiteten eng zusammen. Es sollte sichergestellt sein, dass der neue Bagger auf jeden Fall die Bedingungen für den harten Einsatz im Ölsand erfüllen würde. Im Juli 1997 wurde der erste RH 400 mit der Syncrude-Ken-

TEREX O&K RH 400E
Zwei Elektromotoren mit zusammen 3200 Kilowatt treiben den Bagger an und verleihen ihm ausreichend Kraft für alle Aufgaben. Er wiegt 976 Tonnen. Das Foto zeigt ihn im September 2002 in der Antelope-Mine.
ECO

Tagebaubagger **137**

TEREX O&K RH 400E
Der Terex RH 400E hat eine 42,6-Kubikmeter-Schaufel und stemmt 80 Tonnen Nutzlast. Er entwickelt eine beeindruckende Losbrechkraft auch noch im festesten Material.
ECO

nung 11-35 in Dortmund enthüllt. Nachdem die Module des Baggers ausgiebig getestet worden waren, wurden sie im August Richtung Kanada verschifft. Anfang Oktober wurde der RH 400 an Ort und Stelle montiert und für betriebsbereit erklärt. Am 22. Oktober 1997 begann er mit der Arbeit. 910 Tonnen bringt der RH 400 auf die Waage. Er ist mit einer 42-Kubikmeter-Schaufel ausgerüstet, die 80 Tonnen stemmt. Den Antrieb besorgen zwei Cummins-Diesel K2000E mit 3380 PS.

Eigentlich hätten zwei noch leistungsfähigere Motoren vom Typ Cummins QSK60 eingebaut werden sollen. Nun ging aber die Entwicklung des RH 400 erheblich schneller vonstatten als die der Motoren, und so wurden die Cummins ersatzweise eingebaut.

Nach einigen wenigen Kinderkrankheiten, die alle kuriert wurden, nahm Syncrude den RH 400 im Dezember offiziell ab. Die letzten Tests meisterte der Koloss mit Bravour. Im Mai 1998 lieferte O&K den zweiten RH 400 für Syncrudes Base-Mine aus. Es war der erste unter Terex-Ägide gebaute. Nummer 11-36 wurde ebenfalls von Cummins-Dieseln angetrieben, die allerdings etwas mehr Leistung lieferten als die im 11-35. Nun standen 3690 PS zur Verfügung. Ende 1998 erhielt dann der erste RH 400 jedoch die stärkeren QSK60-Maschinen, die mehr als 4000 PS leisteten. Der zweite wurde bald darauf ebenfalls umgerüstet.

Syncrude orderte dann noch zwei RH 400 für ihre neue Aurora-Mine. 11-37 und 11-38 hatten längere Ausleger, neue Unterwagen, erhöhte Führerstände und 43,2-Kubikmeter-Schaufeln. Die größte

138 Kapitel IV

Veränderung aber hatte es im Maschinenabteil gegeben: Dort leisteten zwei Caterpillar 3516B 4450 PS. Das alles führte zu einem Betriebsgewicht von 985 Tonnen. Der 11-37 wurde im April, der 11-38 im Mai 2000 ausgeliefert.

Das fünfte Exemplar verließ das Dortmunder Werk im Mai 2000 in Richtung Wyoming. Kennecott Energy nahm es im Juli in der Jacobs Ranch Mine im Powder-River-Becken in Betrieb. Es war der erste RH 400 mit 3200 Kilowatt starkem Elektroantrieb. Der RH 400 E hat eine 42,5-Kubikmeter-Schaufel und wiegt 976 Tonnen. Außerdem trug er als erster den weißen Terex-Anstrich. Im Mai 2001 wurde er in die Antelope Mine verlegt.

2002 verkaufte Terex Mining den sechsten RH 400. Auch er kam zum Ölsand-Abbau nach Alberta. Kunde war diesmal die North American Construction Group. In den Bau des neuen RH 400, der eigens für den Einsatz in der neuen Muskeg River Mine unweit des Mildred-Sees entworfen wurde, sind die Erfahrungen mit den ersten fünf Exemplaren der Serie mit eingeflossen. Die Ingenieure haben viele Teile verbessert, auch am Unterwagen und am Antrieb. Eingebaut wurden zwei Cummins QSK60C, die 4450 PS leisten. Die Schaufel misst 43,2 Kubikmeter und fasst 94 Tonnen Material. Mit all den Verbesserungen ist der RH 400 mittlerweile 1108 Tonnen schwer. Somit haben Bagger der Serie nacheinander erst die 900-Tonnen- und dann die 1000-Tonnen-Grenze überschritten. Der sechste RH 400 nahm im Januar 2003 den Dienst auf.

Den Platz im Erdbewegungs-Rekordbuch hat der RH 400 jedenfalls sicher. Fragt sich nun, ob auch Hydraulikbagger einmal die enormen Größen der Seilbagger erreichen werden. Die Zeit – und der Markt – werden es zeigen.

TEREX O&K RH 400

Im Dezember 2002 lieferte Terex Mining den sechsten RH 400 an die North American Construction Group aus. Dieser RH 400 für die Muskeg-River-Mine in Alberta hat zwei Cummins QSK60-C mit 4450 PS und wiegt 1108 Tonnen. Die Schaufel fasst 43,2 Kubikmeter. In Dienst gestellt wurde der Bagger im Januar 2003.
Gary Middlebrook

Tagebaubagger **139**

Kapitel V

Das Ende der Super-Stripper

Ihren letzten Super-Stripper, ein Model 5900, lieferte die Marion Power Shovel Company 1971 für die Leahy Mine der AMAX im südlichen Illinois. Es war nicht nur der letzte seiner Art aus dem Hause Marion, sondern der Letzte überhaupt. Es scheint, als habe die Ära der Super-Stripper so abrupt geendet, wie sie einst begonnen hatte. Sie waren die besten Vertreter dieser Baggerart, doch am Ende bevorzugten die Minengesellschaften Schreitbagger mit Schleppschaufel, wenn es darum ging, an die tiefer liegenden Kohleflöze heranzukommen.

Löffelbagger und Schürfkübelbagger hatten jahrzehntelang nebeneinander in den Gruben gearbeitet, doch am Ende sollte die größere Schlagweite der Schleppschaufelbagger den Ausschlag zu ihren Gunsten geben. Irgendwann hatten die Bergleute jene Minen ausgebeutet, in denen die Kohle gut erreichbar nahe der Erdoberfläche lagerte. Nun mussten sie weiter in die Tiefe, und die Minenbetreiber beschlossen, dass Schleppschaufelbagger von kapitaler Größe hermüssten.

Im Gelände ging es nun immer tiefer hinab. In vielen Gruben, deren obere Schichten herkömmliche Abraum-Löffelbagger längst abgetragen hatten und deren obere Flöze abgebaut waren, gingen nun Schleppschaufelbagger an die vormalige Sohle. Erst mit dieser Technik lohnte der Abbau der tiefer liegenden Flöze. Dass die Löffelbagger überhaupt so lange das Geschäft dominierten, hatte ganz einfach ökonomische Gründe. So lange man leicht an die billiger abzubauende Kohle der oberen Schichten herankam, reichten die Abraumbagger völlig aus. Doch mit rasant wachsendem Energieverbrauch in den USA wuchs der Appetit auf fossile Brennstoffe, namentlich auf Kohle. Der Weg zu ihr führte über den Schleppschaufelbagger. In den 60er-Jahren des 20. Jahrhunderts hatten die Super-Stripper noch die Nase vorn gehabt. Doch das Ende der Kolosse war abzusehen. Besonders deutlich wurde das 1969 mit der Einführung des 4250-W. Den Schürfkübelbagger hatte Bucyrus Erie für die American Electric Power Company gebaut, die ihn in der Muskingum-Mine bei Zanesville in Ohio einsetzte. „Big Muskie" war mit einem monströsen 167-Kubikmeter-Kübel ausgestattet, der selbst den 137-Kubikmeter-Löffel des mächtigen Marion 6360 „Captain" ein wenig klein aussehen ließ. Die Krone der größten Erdbewegungsmaschine gehörte nun einem Schleppschaufelbagger. Nie mehr sollten Super-Stripper so im Rampenlicht stehen wie noch in der Mitte der 60er-Jahre.

Dank der unübertrefflichen Schlagweite der Schürfkübelbagger war es nun möglich, tiefer als je zuvor zu graben. Außerdem war es sicherer, weil nun die Endböschung im Falle des Kollapses nicht

BUCYRUS ERIE 1850-B „BRUTUS"
Der einzige öffentlich ausgestellte Super-Stripper ist der „Brutus", der einst für die P&M gebaut worden war. P&M stiftete den 1963 gebauten Giganten 1983 an die gemeinnützige Organisation Big Brutus, die sich um die Erhaltung kümmert. Seit 1985 ist er ausgestellt. Das Bild wurde 1998 aufgenommen.
ECO

MARION 5761
Die Sahara Coal Company brachte ihren Marion 5761 erstmals 1963 zum Einsatz. Ende der 80er-Jahre wurde er jedoch stillgelegt. Das Bild entstand im November 1990 in der Sahara-Grube. Bis Ende 1993 war der Koloss verschwunden. *Mike Haskins*

mehr auf den Bagger stürzen konnte. Außerdem erlaubte es der sehr lange Ausleger, den Abraum in größerer Entfernung zu deponieren.

Ab 1969 schienen Minenbetreiber nur zu glücklich, den Schürfkübelbagger einführen zu können, auch wenn sie bis dahin ganz auf große Löffelbagger gesetzt hatten. Schon als die letzten Super-Stripper gebaut wurden, entstanden auf den Reißbrettern bei Bucyrus Erie und bei Marion die Entwürfe für gleich große und größere Schürfkübelbagger. 1971 stellte Marion die 8750-Serie vor. Bucyrus Erie folgte 1972 mit dem ebenso großen 2570-W. Beide waren für 87,5 Kubikmeter große Kübel ausgelegt. Einige hatten kleinere, andere größere Schleppschaufeln, aber alle waren zwischen 76 und 103 Kubikmetern groß. Angesichts dieses Angebotes gab es bald keinen Bedarf mehr an herkömmlichen Abraum-Löffelbaggern.

„Big Muskie" war ganz ohne Zweifel einfach nicht mehr zu übertreffen. Da scheint es kaum vorstellbar, dass irgendjemand den Versuch hätte wagen wollen, einen noch größeren Löffelbagger zu bauen. Nun, die Leute von Bucyrus Erie hatten genau das vor. In den frühen 60er-Jahren kündigten sie den Bau eines Giganten an, der noch riesiger als der 4250-W mit Schleppschaufel sein sollte. Mitte 1963, Marion begann gerade mit dem Entwurf des 137-Kubikmeter-Modells 6360, nahmen sie sich das Projekt vor. Der 4950-B sollte die noch viel größere Antwort auf Marions neuen Koloss werden. Geplant war ein 190 Kubikmeter großer Hochlöffel, der das unerhörte Gewicht von 375 Tonnen stemmen sollte. Den Operationsradius bezifferten die Entwickler auf atemberaubende 137 Meter. Der Oberwagen sollte auf 16 Raupenlaufwerken stehen, vier an jeder Ecke und ein jedes 12,80 Meter lang. Als Gewicht hatten die Ingenieure stolze 18.000 Tonnen errechnet. Zum Vergleich: „Big Muskie" brachte es auf 14.000, der „Captain" auf 15.000 Tonnen. Und die Kosten? Für den 4950-B wurden 45 Cent pro Pfund kalkuliert – das machte unterm Strich 16,2 Millionen Dollar. Eine gewaltige Summe, nach heutiger Kaufkraft etwa 125 Millionen Dollar.

Aber es sollte nicht sein. Das Projekt war damals viel zu umfangreich und vor allem viel zu teuer. Obwohl Bucyrus Erie es mehreren Gesellschaften antrug, die damit hätten arbeiten – und es sich überhaupt leisten – können, setzte niemand seinen Namen unter einen Vertrag. Das war das Ende des kurzen Lebens von 4950-B, das ohnehin übers Reißbrettstadium nicht hinauskam.

Ab 1971 gingen keine Bestellungen mehr für Super-Stripper ein. Das hieß nun aber keineswegs, dass die Riesen in ihren Gruben überflüssig geworden wären. Immerhin sollten die meisten von ihnen arbeiten, bis ihre Minen irgendwann ausgebeutet waren oder der Betrieb endgültig nicht mehr

BUCYRUS ERIE 1650-B
Die United Electric Coal unterhielt zwei 1650-B mit 53,2-Kubikmeter-Löffel. Einer war in der Buckheart-Mine in Canton stationiert, einer in der Fidelity-Mine bei Du Quoin. Das Bild zeigt den Fidelity-Bagger im November 1990 kurz vor seiner Stilllegung.
Mike Haskins

BUCYRUS ERIE 1650-B
1992 war der Fidelity-1650-B längst abgestellt. 1995 wurde er verschrottet. Die Schwestermaschine in der Buckheart-Mine war bereits 1984 abgestellt worden und 1993 als Ersatzteilspender an die Green Coal verkauft worden. Green Coal kaufte auch die meisten Teile des Fidelity-Baggers als Ersatzteile für ihre eigenen beiden 1650-B. Mitte der 90er-Jahre wurden die dann ebenfalls verschrottet. Heute gibt es keinen einzigen dieser Serie mehr.
Mike Haskins

Super-Stripper **143**

MARION 5761
Peabody betrieb sieben der insgesamt 15 Marion 5761. Der abgebildete Bagger – das Foto wurde 1989 aufgenommen – war 1967 in der Warrior-Mine in Alabama in Dienst gestellt worden. Er hatte mit 57 Kubikmetern den größten aller 5761-Löffel. 1976 wurde der Bagger in die Alston-Mine nach Kentucky verlegt und 1986 abgestellt. Bis 1992 stand er zum Verkauf, dann wurde er Mitte der 90er-Jahre verschrottet.
Mike Haskins

lohnte. Erst wenn die erreichbaren Flöze abgebaut waren, wurden die Kolosse stillgelegt und harrten ihres weiteren Schicksals – das dann in den meisten Fällen vom Fauchen des Schneidbrenners begleitet war. Für einige Bagger kam das Ende schnell. Andere verrotteten auf freiem Feld oder in gefluteten Gruben. Wieder andere fielen Unfällen oder Bränden zum Opfer. Und nur ganz wenige waren am Ende des vergangenen Jahrhunderts dem Verschrotten entgangen. Vom Beginn der 80er-Jahre an hatte einen nach dem anderen sein Schicksal ereilt. Ein neues Gesetz zur Reinhaltung der Luft, der Clean Air Act von 1990, begrenzte dann den Einsatz hochschwefelhaltiger Kohle in den Kraftwerken. Nun fanden sich größere Kohlevorkommen vor allem im Mittleren Westen der USA, und die dortigen Minen waren schon lange in Betrieb. Dort waren auch die meisten der Super-Stripper im Einsatz. Doch nun wurde Kohle aus dem Westen des Landes gekauft, die ärmer an Schwefel und somit weniger umweltbelastend war. In der Folge fuhren die Gesellschaften den Betrieb im Mittleren Westen immer weiter herunter. Als die ersten Gruben aufgelassen wurden, verkauften die Betreiber auch die

MARION 5960 „BIG DIGGER"
Peabody hatte den 5960 im April 1969 erhalten, und bis zum Jahresende war er in der River-Queen-Mine in Betrieb gegangen. 1989 begann die Demontage des 9338-Tonnen-Kolosses. Ende 1990 gab es ihn nicht mehr. Das Bild stammt aus dem Jahr 1989.
Mike Haskins

144 Kapitel V

MARION 5761 „STRIPMASTER"
Es hatte lange Hoffnung bestanden, dass Peabody seinen „Stripmaster" noch einmal in Gang setzen würde, nachdem er 1991 abgestellt worden war. Aber das seinerzeit schlechte Kohlegeschäft machte ihm dann doch den Garaus, und er wurde 1998 verschrottet. Das Foto zeigt ihn im Mai 1995 an seinem Abstellplatz. *ECO*

Super-Stripper

MARION 5760 „MOUNTAINEER"
Seine letzten Jahre verbrachte der „Mountaineer" abgestellt auf einem Feld außerhalb von Cadiz, Ohio. Er war nach der Schließung der Egypt-Valley-Mine 1979 stillgelegt worden. 1988 wurde er verschrottet. Auf dem Foto steht er im warmen Licht eines Sommertages im Juli 1983.
Keith Haddock

BUCYRUS ERIE 1950-B „GEM"
CONSOL legte den GEM im August 1988 still, nachdem er lange in der Mahoning-Valley-Mine No. 33 im Einsatz gewesen war. CONSOL benötigte nur noch einen ihrer beiden 1950-B. Das Los fiel auf den „Silver Spade".
John Kus

Ausrüstung – bis auf die Super-Stripper. Die waren viel zu groß und mittlerweile auch zu alt, als dass es sich gelohnt hätte, sie zu zerlegen und anderswo wieder zusammenzubauen. Viele Schleppschaufelbagger wurden noch verlegt, doch die mächtigen Löffelbagger blieben zurück. Einst hatten sie ob ihrer schieren Größe und Präsenz die Vorstellungskraft überwältigt, nun waren sie bloß noch sperrige Ärgernisse, die schleunigst aus den Büchern gehörten.

So fand der riesige Bucyrus Erie 3850-B Lot I aus der Sinclair-Mine von Peabody sein Ende 1986. Ende 1988 ging es auch dem mächtigen Marion 5760 „Mountaineer" von CONSOL an den stählernen Kragen. In jener Zeit traf es außerdem den Marion 5960 „Big Dipper" aus der River-Queen-Mine von Peabody (verschrottet Ende 1989), den Bucyrus Erie 1950-B GEM von CONSOL (verschrottet Mitte 1991), den Bucyrus Erie 3850-B Lot II aus der River King No.6 (verschrottet 1993), den Bucyrus Erie 1050-B aus der Panther-Mine von Green Coal (verschrottet 1993), den Bucyrus Erie 1650-B aus der Fidelity-Mine der (United Electric (verschrottet 1995) und den Marion 5761 „Stripmaster" aus der Lynnville-Mine von Peabody (verschrottet 1998). Doch noch mehr sollten die tödliche Hitze des Schneidbrenners zu spüren

BUCYRUS ERIE 1950-B „GEM"
Das Detailfoto vom April 1990 zeigt den Unterwagen des „GEM" mit der Front-Trommel für das Versorgungskabel. Einige Motoren wurden als Ersatzteile für den „Silver Spade" gerettet, ebenso zwei komplette Raupenlaufwerke. Mitte 1991 begann die Zerlegung des „GEM", im Frühjahr 1992 war sie erledigt.
Dale Davis

MARION 6360 „THE CAPTAIN"
Am 9. September 1991 richtete ein Feuer im „Captain" irreparable Schäden an. Weil es zu teuer geworden wäre, ihn wieder herzurichten, wurde seine Demontage beschlossen. Kurz zuvor entstand die Aufnahme im Juli 1992.
ECO

Super–Stripper

MARION 6360
Monatelang arbeiteten die Bergleute sich um den ausgebrannten „Captain" herum. Die Demontage begann Ende 1992 und war im Frühjahr 1993 abgeschlossen.
ECO

bekommen. Auch den Marion 5761 aus der Burning Star No. 2 Mine von CONSOL, den Marion 5761 von Sahara Coal, die zwei Bucyrus Erie 1650-B von Green Coal sowie die Marion 5900 und 5761 von Arch Coal gab es Ende der 90er nicht mehr. Die Liste ließe sich noch verlängern.

Der schlimmste Schlag aber kam am 9. September 1991, als ein Feuer in der Captain-Mine dem Mächtigsten von allen, dem Marion 6360, den Garaus machte. Der „Captain" war der Größte gewesen. Abgesehen von den regelmäßigen Wartungspausen war der „Captain" wirklich niemals müßig gewesen. Wenn er nicht in Betrieb war, kostete er viel Geld, ganz zu schweigen von den teils astronomischen Reparaturkosten. Wenn seine riesigen Elektromotoren aber liefen, dann war er von unerreichter Leistungskraft. Er war eine einzigartige Maschine und hatte nicht seinesgleichen in der Welt der großen Löffelbagger.

Damit war es endgültig vorbei nach jenem schicksalhaften Septembertag. Am Nachmittag hatten Arbeiter Rauch aus dem Unterwagen aufsteigen sehen. Im Handumdrehen hatte sich die Nachricht über Funk in jeden Winkel der Mine verbreitet: Der

148 Kapitel V

6360 brannte! Rettungsmannschaften und Löschausrüstung wurden umgehend in die Grube entsandt. Rauch quoll an mehreren Stellen aus dem Captain, Flammen loderten aus dem linken Vorderteil und gegen den Führerstand. Der Gigant stand nicht komplett in Flammen, das Feuer wütete vor allem im vorderen Teil. Aber es war kaum unter Kontrolle zu bringen. Die ganze Nacht hindurch waren Feuerwehren im Einsatz, karrten Tanklaster Wasser heran und war jedermann auf den Beinen, der irgendwie helfen konnte, den Captain zu retten. Gegen Morgen war das Feuer endlich gelöscht, aber der Schaden nicht mehr rückgängig zu machen. Als die Arbeiter der Frühschicht kamen, verstummten sie angesichts des Desasters. Niemand mochte wahrhaben, dass der 6360 unwiderruflich verloren war. Es war, als wäre jemand gestorben. Die Arbeiter hatten mit Stolz zu ihrem 6360 aufgeblickt. Er war stets das Zentrum der gesamten Mine gewesen und der Erste unter den Abraumbaggern sowieso. Die Bergleute hatten nicht nur das Gefühl, sie hätten einen engen Freund verloren. Einige fragten sich, ob das wohl auch das Ende ihres Auskommens wäre.

Für vier Mitglieder der Captain-Besatzung wäre es wahrhaftig beinahe das Ende gewesen. Als die Flammen im Bagger wüteten, wurden sie vom Feuer eingeschlossen. Der Weg über den zentralen Aufzug war ihnen versperrt. Einer nach dem anderen wurden sie mit Seilen und Rettungsgeschirren in Sicherheit gebracht. Niemand wurde ernsthaft verletzt.

OBEN: MARION 6360
Als wartete er nur auf den nächsten Riesenhappen, hing der gigantische 138,8-Kubikmeter-Löffel des „Captain" noch in der Luft, als der Bagger längst tot war. Neben dem Führerstand künden Rußspuren von der verheerenden Brandnacht, in der das Ende des „Captain" besiegelt wurde.

UNTEN: MARION 6360
Die Raupen des „Captain" waren die größten, die je einen Löffelbagger trugen. Jede Einheit war 13,70 Meter lang, 3,05 Meter breit und 4,88 Meter hoch. Jede Kette bestand aus 42 Gliedern, von denen jedes 3,5 Tonnen wog. Immerhin ruhten auf diesen Ketten 15.000 Tonnen Gesamtgewicht.
ECO

Super-Stripper **149**

DEMAG H 485

Der dieselgetriebene Demag H 485 wurde 1995 aus Großbritannien nach Kanada verlegt, wo er in den Ölsand-Abbaugebieten von Suncor nördlich von Fort McMurray eingesetzt wurde. 1997 wurde er stillgelegt und diente fortan als Ersatzteilspender für einen weiteren H485, der allerdings Elektroantrieb hat. Das Foto stammt vom Oktober 1997, heute ist von dem Bagger nicht mehr viel übrig.
ECO

MARION 291-M

Nach fast 35 Jahren treuen Dienstes für Peabody und die Powder River Coal wurden 1997 die beiden Kohle-Ladebagger 291-M stillgelegt. Das Foto wurde im Oktober 1998 aufgenommen. *ECO*

Der Schaden am Captain war indes enorm. Äußerlich wirkte er weitgehend intakt. Im Innern aber sah es anders aus. Weil es tief in den Eingeweiden des Riesen gebrannt hatte, war das Löschwasser nur schwer an den Brandherd zu bringen gewesen.

In den folgenden Wochen nahmen Gutachter und Techniker von Marion und von Arch den Schaden auf. Es wurde angenommen, dass etwa auf Höhe des Drehkranzes ein Hydraulik-Hochdruckschlauch geplatzt war. Offenbar hatte sich ein feiner Sprühnebel aus Hydraulikflüssigkeit gebildet, den ein Funke aus einem elektrischen Schalter entzündete. Beim Bau des 6360 hatte man nicht überall hydraulisches und elektrisches System sauber voneinander getrennt verlegt. In späteren Modellen wurde der Isolierung dann weit mehr Beachtung geschenkt.

Einmal ausgebrochen, fand das Feuer reichlich Nahrung vor allem in großen Mengen Schmierfetts, das sich im Laufe der Jahre um den Drehkranz gesammelt hatte. Das hielt nicht nur das Feuer lebendig, es machte auch die Löscharbeiten unerhört schwer.

Marions Ingenieure rechneten schließlich aus, dass die Reparatur zwei Millionen Dollar gekostet hätte. Obendrein mochten sie nicht einmal garantieren, dass der Captain hinterher auch wieder wie gewohnt gearbeitet hätte – oder dass er überhaupt wieder in Betrieb zu nehmen gewesen wäre. Wäre er jemals wieder gelaufen, bloß um nach wenigen Schritten zusammenzubrechen, wäre Arch auf der horrenden Rechnung sitzen geblieben. Am Ende beschloss Arch, dass eine Reparatur einem Glücksspiel gleichgekommen wäre. Außerdem war das Ende des Minenbetriebes binnen der nächsten Jahre absehbar. Arch hielt es für das Beste, den Bagger dort zu lassen wo er stand und ihn zum Schrottwert zu entsorgen.

Im Juli 1992 unternahm ich meinen letzten Ausflug zum 6360 in der Captain Mine. Ich wollte ihn noch einmal sehen, bevor die Abbruchmannschaften kämen. Unterdessen hatte die Minengesellschaft ihren 80-Kubikmeter-Marion 5900 in die Grube verlegt. Er musste die Arbeit des Captain übernehmen und grub sich buchstäblich um das Wrack herum. Der Captain blieb fast verborgen in der Grube, und als wir uns ihm näherten, war er umringt von den Abraumhalden, die der 5900 aufgetürmt hatte.

Angesichts der einst mächtigen Maschine versetzte mich seine schiere Größe in ungläubiges Staunen. Wer neben den Raupenketten steht und 21 Stockwerke hoch an ihm emporblickt, sieht bloß noch eins: Bagger. Es ist wirklich die ehrfurchtgebietendste Maschine, die ich je gesehen habe. Oft bin ich gefragt worden, wer denn wohl beeindruckender war: Big Muskie oder der Captain? Beide sind gewaltig, doch der Marion 6360 überwältigte mich stets als der imponierendere der beiden. Das heißt

BUCYRUS ERIE 200-B
Der Verschrottung entgangen ist der uralte 200-B, der im Reynolds Alberta Museum in Wetaskiwin in der kanadischen Provinz Alberta ausgestellt ist. Das Bild entstand im Oktober 1997 bei Sonnenaufgang.
ECO

Super-Stripper **151**

BUCYRUS ERIE 200-B

Der 200-B war ein 3,8-Kubikmeter-Bagger, als er 1927 vorgestellt wurde. Er wurde bis 1943 gebaut, allerdings verließen nur 13 Löffelbagger und sieben Schleppschaufelbagger dieser Baureihe das Werk. Das ´29er Modell in Kanada ist der letzte von ihnen.
ECO

nun nicht, dass Big Muskie nicht auch kolossal gewesen wäre, er war es nur auf andere Art. Big Muskie kam eher daher wie ein großes Kaufhaus mit einem riesigen Mast. Dazu kam die merkwürdige Fortbewegungsart der Schreitbagger. Wer Big Muskie zum ersten Mal zu Gesicht bekam, muss sich gewundert haben, wie der Koloss sich bewegen konnte, ganz zu schweigen davon, wie das Ding wohl funktionieren mochte. Der 6360 hingegen war ganz eindeutig ein Bagger. Auf seinen acht riesigen Raupenketten schien er geradewegs aus einem Science-Fiction-Roman gekrochen zu sein. Man konnte sich gut vorstellen, wie er sich über die Sohle bewegte, die Zähne seines Hochlöffels tief in den Berg trieb und ihm mit einem Biss Hunderte Tonnen Material entriss. Er war die endgültige Verwirklichung der Geschichte von Mike Mulligan und seinem Dampfbagger. Er war der ultimative Bagger.

Rund um den halbausgebrannten Captain fanden sich noch Spuren der verheerenden Brandnacht. Überall verstreut lagen verkohlte Teile und leere Feuerlöscher. Unter dem Bagger fanden sich große Pfützen geschmolzenen und wieder erstarrten Aluminiums. Das Metall war auf dem Höhepunkt des Infernos aus der Maschine geronnen. Im Innern hatten sich unter dem Einfluss der enormen Hitze 15 Zentimeter dicke Stahlträger verbogen. Eine Stromleitung war verlegt worden, um Licht zu haben und den Aufzug zu bedienen. In dessen klaustrophobischer Enge war der ätzende Geruch des Rauchs, der alles durchdrungen hatte, überwältigend. Vom Aufzug aus ging es in den Maschinenraum, der abgesehen vom Rauchgeruch nur geringe Schäden aufwies. Das Feuer hatte vor allem unter Deck gewütet.

Das Innere war unterdessen zu einer riesigen Voliere geworden, in der überall zwitschernde Vögel umherflatterten. Viele der Verkleidungs-Stahlplatten waren entfernt worden, um Licht einzulassen und so den Gutachtern die Arbeit zu erleichtern. Durch die Öffnungen waren die Vögel hineingeflogen, hatten sich häuslich eingerichtet und auf den oberen Stahlträgern genistet.

Das zusätzliche Tageslicht hatte auch den Ausbau der Elektromotoren erleichtert, die sich noch gegen gutes Geld verkaufen ließen. Allein der größte dieser Motoren sowie die großen Windenantriebe fanden keinen Käufer. Der hätte eben auch eine entsprechend gigantische Maschine haben müssen. In Frage kam da nur die American Electric Power mit ihrem Big Muskie. Weil der aber 1991 stillgelegt worden war, hatte auch diese Gesellschaft keinen Bedarf mehr an extrem dimensionierten Ersatzteilen.

Vom Führerstand des havarierten Captain aus bot sich ein atemberaubender Blick aus der Vogelperspektive auf den enormen 137-Kubikmeter-Löffel, der wie erstarrt in der Luft hing. Einige Kontrollinstrumente sowie der Sitz des Maschinenführers fehlten, doch die Fensterscheiben waren noch intakt. Man konnte sich leicht vorstellen, selbst an

MARION 360
Mittelpunkt der Ausstellung im Diplomat Mine Museum in Forestburg, Alberta, ist dieser Marion Model 360 mit 6-Kubikmeter-Hochlöffel. Er ist perfekt restauriert und ein Denkmal für die Tausende Männer und Frauen, die in vielen Jahrzehnten im kanadischen Kohlebergbau gearbeitet haben.
ECO

MARION 360
Der uralte Marion 360 begann sein Leben 1927 als Schleppschaufelbagger. Später wurde er zum Löffelbagger umgebaut. Die Abraum-Löffelbagger trugen allerdings eigentlich die Bezeichnung Model 350. Zwischen 1923 und 1941 wurden 345 Löffel- und zwölf Schleppschaufelbagger gebaut.
ECO

Super-Stripper   **153**

BUCYRUS ERIE 1850-B „BRUTUS"
Der „Brutus" ist im Big Brutus Museum bei West Mineral in Kansas ausgestellt. Das Museum ist das ganze Jahr über geöffnet. Besucher dürfen den Bagger auch betreten und die Spitze seines Auslegers erklimmen, der immerhin 16 Stockwerke hoch in den Himmel ragt. Der Brutus prangt im originalen schwarz-orangefarbenen Schema der P&M.
ECO

den Hebeln zu sitzen und den Löffel der mächtigen Bestie in Bewegung zu setzen. Baggerführer auf dem 6360 war eine Aufgabe nur für die dienstältesten Leute gewesen. Nur die Erfahrensten und die größten Könner wurden an die Kontrollen gelassen. Immerhin bewegten sie 15.000 Tonnen Stahl. Vielen galt es als Privileg, wenn sie den Bagger anvertraut bekamen, und für so manchen war es der Höhepunkt seiner Karriere. Und wohl niemand war trauriger über das Ende als sie und ihr Bodenpersonal. Jahrelang hatten sie den 6360 in Betrieb gehalten, rund um die Uhr, Monat für Monat. Doch nun war das alles Vergangenheit.

Es war nur schwer zu glauben, dass der Bagger nie wieder arbeiten würde. Äußerlich schien er jederzeit wieder leicht zum Leben zu erwecken. Ein paar kleinere Reparaturen, ein bisschen Farbe, und er wäre wieder wie neu. Doch seine inneren Verletzungen waren tödlich gewesen. Nun galt es sozusagen nur noch, die Leiche zu beseitigen. Mit der Demontage wurde Ende 1992 begonnen. Mitte des folgenden Jahres war der Captain verschwunden. Nichts blieb der Nachwelt erhalten, weder eins der riesigen Raupenlaufwerke noch gar der gigantische Löffel. Die Minengesellschaft wollte unbedingt vermeiden, dass Schaulustige von den Überresten des Baggers angelockt würden. Das Einzige, was vom Captain gerettet wurde, ist die amerikanische Flagge, die in der Brandnacht auf dem Bagger geweht hatte. Sie wurde im Verwaltungsgebäude der Mine aufbewahrt, bis diese gegen Ende der 90er-Jahre aufgelassen wurde.

Nach der Schließung und der Renaturierung ist über alles buchstäblich Gras gewachsen. Kaum vorstellbar, dass es keine Spur mehr gibt von etwas derart Riesigem wie dem 6360. Geblieben sind nur einige Fotos und ganz wenige Meter Film. Kein Denkmal erinnert daran, dass unweit von Percy, Illinois, einst 27 Jahre lang der größte Löffelbagger der Welt zuhause war. Er ist fort, und in nicht allzu ferner Zukunft werden es auch die meisten Erinnerungen an eine der größten Maschinen sein, die Menschen je ersannen und erbauten.

Zu Anfang des 20. Jahrhunderts sind bloß noch drei der Giganten in betriebsbereitem Zustand: der Marion 5900 von Peabody, der Bucyrus Erie 1050-B von Freeman United und der Bucyrus Erie 1950-B „Silver Spade" von CONSOL. Zwei von ihnen sind noch im Einsatz, einer ist abgestellt. Der Marion 5900 in der Lynnville-Mine von Peabody wurde stillgelegt, nachdem das Unternehmen wegen sinkender Kohlepreise den Betrieb dort schloss. Allerdings hält Peabody die Mine in einem Zustand, der jederzeit die Wiederaufnahme der Arbeiten gestattet. Der 85-Kubikmeter-5900 (ursprünglich 80 Kubikmeter) wartet in einer Grube darauf, irgendwann wieder zur Arbeit gerufen zu werden – wann immer das sein mag.

Die beiden anderen hatten mehr Glück als der 5900, aber ewig werden auch sie nicht weiterarbeiten. Der 1050-B von Freeman United ist der ältere der beiden. Er hatte 1960 in der Banner-Mine der United Electric Coal den Betrieb aufgenommen. 1982 setzte der neue Besitzer, Freeman United, ihn in seinem Tagebau bei Industry in Illinois ein. Dieser Bagger war der letzte, den Bucyrus Erie aus der Serie baute und obendrein der letzte mit dem großen Gegengewicht. Der Entwurf geht noch zurück auf das Jahr 1941, und der Bagger ist wahrhaftig ein Paradebeispiel für Low-Tech. Doch just seine Einfachheit hat ihn viel länger überleben lassen als die teils viel größeren Gegenspieler.

Im Grunde hat der Bagger seit 1982 rund um die Uhr gearbeitet. Er wurde zwischendurch immer mal wieder für Wartungsarbeiten stillgelegt, gelegentlich wurde der Minenbetrieb kürzer gefahren, und gelegentlich haben die Arbeiter gestreikt. Doch immer wieder nahm der 1050-B die Arbeit auf. Schlimm hatte es einmal Ende der 90er-Jahre ausgesehen, als der Mine die Schließung drohte. Doch dann wurden noch einmal Verträge erneuert, und der Betrieb ging weiter.

MARION 5900
Peabodys Marion 5900 ist der größte der noch existierenden Super-Stripper. Ursprünglich hatte er einen 79,8 Kubikmeter großen Löffel, der immer wieder gegen größere getauscht wurde, bis er in den 90er-Jahren 85,1 Kubikmeter Kapazität hatte. Nachdem Peabody im Dezember 1999 die Lynnville-Mine stillgelegt hatte, wurde der 5900 in Bereitschaft gehalten für den Fall, dass der Betrieb der Mine eines Tages wieder lohnt. Zuletzt hatten bereits Vandalen in ihm gehaust, Kabel herausgerissen und die Fenster eingeschossen. Das Foto vom Mai 1995 zeigt ihn noch in seiner einstigen Pracht.
ECO

Super-Stripper 155

BUCYRUS ERIE 1050-B
Ein Überlebender: Noch ist der Bucyrus Erie 1050-B im Einsatz. Schon mehrmals hatte es so ausgesehen, als habe auch dem 1050-B das letzte Stündlein geschlagen. Jedes Mal aber haben ihn neue Verträge gerettet. Ab 1960 war er für die United Electric Coal im Einsatz, ab 1982 dann für die Freeman United Coal Mining Company. Das Foto zeigt ihn im Oktober 2000 in der Industry-Mine.
Urs Peyer

Bleibt noch der Bucyrus Erie 1950-B von CONSOL, besser bekannt als der „Silver Spade". Er ist der letzte Super-Stripper in Betrieb, und er wird es bleiben, wenn Peabody den 5900 nicht mehr reaktiviert. Seit er 1965 übergeben wurde, war der Silver Spade einer der zuverlässigsten Bagger in CONSOL-Diensten. Jahrelang arbeitete er neben vielen anderen Abraumbaggern im Revier von Cadiz in Ohio. In unmittelbarer Nachbarschaft waren auch der „GEM of Egypt" und der legendäre „Mountaineer" im Einsatz gewesen. Doch nur der Spade hat überlebt. Zwischenzeitlich war er mehrmals für jeweils längere Zeit stillgelegt gewesen. Die längste Ruhephase dauerte von Oktober 1982 bis April 1989. Grund waren wirtschaftliche Probleme im Kohlegeschäft. 2001 wurde der Bagger in eine neue Mine der CONSOL verlegt, die ebenfalls bei Cadiz gelegene Mahoning-Mine. Schon im Juni 2002 wurde er erneut abgeschaltet, weil der Kohlemarkt kurzfristig gesättigt war. Doch als der nächste Winter kam, wurden auch die Halden wieder kleiner, und der Spade bekam wieder zu tun. Solange Kohle aus dem Mahoning-Tal verkauft wird, so lange wird auch der letzte Super-Stripper in Betrieb bleiben.

Drei Titanen sind der Nachwelt als Museumsstücke erhalten geblieben. Zwei stehen in Kanada, einer in den USA. Die beiden kanadischen sind beide in der Provinz Alberta ausgestellt. Das Reynolds Alberta Museum in Wetaskiwin zeigt den Oldtimer (Baujahr 1929) Bucyrus 200-B in restauriertem Zustand. Aus dem Jahr 1927 stammt der Marion 360, der Mittelpunkt der Ausstellung im Diplomat Mine Museum in Forestburg ist.

Einen echten Super-Stripper gibt es allerdings nur noch in den USA zu sehen. Es ist der „Brutus", ein 1850-B, den Bucyrus Erie für die Pittsburg and Midway Coal Mining Company (P&M) baute. Brutus war von 1963 bis 1974 im Einsatz. Bis 1983 harrte der Riese in der Mine 19 in Hallowell in Kansas neuer Aufgaben. Dann stiftete P&M den Bagger, 6,5 Hektar Land drum herum und 100.000 Dollar der Big Brutus Incorporated, einer gemeinnützigen Organisation, die sich Restaurierung und Ausstellung des Riesen zum Ziel gesetzt hatte. Am 13. Juli 1985 wurde Brutus Ausstellungsstück und Denkmal für den Kohlebergbau in Kansas. Bis auf den Elektroantrieb ist der Bagger komplett und sieht aus wie neu. Das Big Brutus Museum bei West Mineral ist das ganze Jahr über geöffnet. Es ist sogar gestattet, die Spitze des Auslegers zu erklettern. Von oben bietet sich ein grandioser Blick über den ehemaligen Tagebau, der nach der Renaturierung eine wundervolle Wiesenlandschaft ist. Außer dem Bagger und den weiteren Ausstellungsstücken erinnert nichts mehr an die früheren Aktivitäten.

Die Tage der übergroßen Abraum-Löffelbagger sind sicherlich gezählt. Wenn der letzte verschlissen oder nicht mehr wirtschaftlich zu betreiben sein wird, werden nur noch die Museumsstücke überleben. Andererseits ist aber die Entwicklung der riesigen Ladebagger auf Zweiraupen-Unterwagen noch längst nicht abgeschlossen. Es darf zwar bezweifelt werden, dass diese Bagger einmal die Dimensionen der alten Kolosse erreichen werden. Doch allerhand Konstruktionsmerkmale der Super-Stripper finden den Weg in die Entwürfe für die großen Ladebagger. Einer dieser Pläne wurde zur

BUCYRUS ERIE 1950-B „SILVER SPADE"
Der „Silver Spade" ist der größte Löffelbagger, der noch in Betrieb ist. Mit seinem 79,8-Kubikmeter-Löffel ist er nach wie vor für CONSOL im Revier bei Cadiz, Ohio, im Einsatz. Zwischen Juni und Oktober 2002 war er zwischenzeitlich stillgelegt. Das Foto zeigt ihn im August 1999.
Keith Haddock

MINExpo 2000 in Las Vegas vorgestellt. Der Bucyrus International 795-B ist ein Konglomerat der besten Lösungen aus Vergangenheit und Gegenwart. Immerhin kam 1997 zum gewaltigen Erfahrungsschatz der Bucyrus-Entwicklungsabteilung jener der Marion-Leute hinzu – inklusive aller Patente. So sieht das 795-B-Projekt einen Unterwagen mit zwei Raupenketten vor. Den Oberwagen dominiert die Marion-Kniegelenk-Kinematik mit hydraulischem Vorschubwerk. Die Nennkapazität des Hochlöffels liegt bei 135 Tonnen. Das erlaubte das Beladen eines 240-Tonnen-Kippers mit nur zwei Ladespielen, für künftige 500-Tonnen-Kipper reichten vier aus. Der Bagger würde etwa 2250 Tonnen schwer. Das wäre wieder einmal Weltrekord – wenn der 795-B denn je gebaut wird.

Zwei Dinge haben Bucyrus International bislang daran gehindert, den neuen Superbagger zu bauen. Zunächst fehlt es – trotz laut Bucyrus regen Interesses – noch an Käufern. Das hängt nicht zuletzt mit Grund Nummer zwei zusammen: Noch gibt es die gigantischen Muldenkipper nicht. Zwar rollen welt-

Super-Stripper

BUCYRUS 795-B
Bis jetzt gibt es nur Computer-Darstellungen vom Bucyrus 795-B. Der 2000 bei der MINExpo in Las Vegas vorgestellte Entwurf gibt eine gute Vorstellung von künftigen Baggerriesen. Bei dem Konzept handelt es sich um einen 2250-Tonnen-Löffelbagger mit 135 Tonnen Kapazität. Er würde eine neue Weltrekordmarke setzen. Noch ist allerdings völlig offen, ob der Koloss wirklich je gebaut wird.
Bucyrus International

weit schon ein paar der neuen Caterpillar 797 B mit atemberaubenden 380 Tonnen Nutzlast. Ihre kleine Zahl aber lässt den Bau des 795-B noch längst nicht lohnend erscheinen.

Die kolossalen Super-Stripper werden demnächst alle das Schicksal der Dinosaurier teilen. Doch die Raupen-Ladebagger – ganz gleich, ob Seilbagger oder Hydraulikbagger – wachsen noch mit den Kippern. Für ihr Konzept ist auch weit und breit keine Alternative in Sicht. So groß wie Super-Stripper werden sie kaum werden. Müssen sie aber auch nicht. Die große Schlagweite der Giganten ist nicht erforderlich, wenn die Kipper gleich neben die großen Lader rollen können. Es wird traurig sein zu sehen, wie der letzte der Super-Stripper für immer abgestellt wird. Doch nun ist die Zeit jener Großbagger gekommen, die vielleicht nicht so ehrfurchterregend groß sind, dafür aber fortschrittlich, durchdacht und von enormer technischer Raffinesse – und so leistungsfähig wie kein Bagger je zuvor.

Bibliografie

FARRELL, WILLIAM E.: „Digging by Stame"; herausgegeben und durchgesehen von Donald W. Frantz; Nachdruck der Historical Construction Equipment Association (HCEA); Grand Rapids, Ohio.

GRIMSHAW, PETER N.: „The Amazing Story of Excavators, Volume I: Makers of Machines that Reshape the World"; Wadhurst, East Sussex, Großbritannien, 2002.

HADDOCK, KEITH: „Extreme Mining Machines"; MBI Publishing Company; Osceola, Wisconsin, 2001.

HADDOCK, KEITH: „Giant Earthmovers"; MBI Publishing Company; Osceola, Wisconsin, 1998.

HISTORICAL CONSTRUCTION EQUIPMENT ASSOCIATION (HRSG.): „Marion Construction Machinery, 1884-1975 Photo Archive"; Iconografix; Hudson, Wisconsin, 2002.

WILLIAMSON, HAROLD F. UND KENNETH H. MYERS, II.: „Designed for Digging"; Northwestern University Press; Evanston, Illinois, 1955.

Index

Albanian Sands Energy,
  Muskeg River Mine, 99, 139
AMAX Coal Company,
  Belle Air Mine, 78, 80, 94
  Eagle Butte Mine, 60, 61, 78, 80
  Leahy Mine, 57, 141
American Electric Power Company
  (AEP), 152
  Muskingum Mine, 141
Anamax Mining Company,
  Twin Buttes Mine, 87
AOKI Marine Company, 119
Arch Mineral Corporation, 51, 57, 82,
  147, 151
  Fabius Mine, 47
  Ruffner Mine, 74, 85
ASARCO, 125
  Mission Mine, 86, 87
Atlantic Equipment Company, 24
Austin-Western, 65
Ayrshire Collieries Corporation,
  Wright Mine, 47
B-L-H (Baldwin-Lima-Hamilton Corporation), 65
Baldwin Locomotive Works, 65
Ball Engine Company, s. Erie Steam
  Shovel Company
Barnhart, Henry M., 19, 20
Bamhart's Steam Shovel and Wrecking
  Car, 20
Barnhart's Steam Shovel-Style A, 13, 20
Barrick Goldstrike, 73, 109, 113
BAUMA, 109, 126, 136
Belleview Sand and Gravel, 17, 19, 22
Benjamin Coal Company, 105
Big Brutus, Inc., 141, 156
Blackwater Mine, 111, 120
Bloomfield Collieries, 75, 85
Boliden Mineral,
  Altik Copper Mine, 107
  Apirsa Zinc Mine, 124
Boston and Providence Railroad, 11, 13
Bucyrus Company 24, 29, 30, 34, 62
Bucyrus Company, The, 16, 19-23, 28,

62, 73
Bucyrus Erie, 25, 27, 32, 34-37, 39-41, 44,
  45, 49, 53-55, 57, 61-63, 66, 72, 75,
  76, 80, 87, 89, 90, 112, 115, 116,
  141-144, 156
Bucyrus Erie Modelle,
  20-H, 115
  50-8, 10, 11, 14, 15, 17, 19, 20, 22, 25
  71-8, 66, 75
  88-B, 66, 67, 75
  88-B Serie III, 67, 75
  120-B, 64, 73, 75, 76
  150-BD , „Doubler", 103, 115
  190-B, 65, 75
  190-BD, 115
  200-B, 151, 152
  295-B, 60, 61, 75, 79
  350-H, 116
  395-8 Serie, 77, 87, 89
  500-H, 116
  550-B, 34, 39, 40
  550-HS, 104, 116
  750-B, 31, 34, 35
  750-B Serie II, 35-37
  950-B, 36, 37, 40
  1050-B, 30, 32, 40, 41, 147, 154-156
  1650-B, 37, 38, 44-46, 143, 147
  1650-B „Dipper", 38
  1650-B, „Mr. Dillon", 39
  1850-B, „Brutus", 46, 49, 50. 140, 141,
    154, 156
  1950-B, „GEM of Egypt", 51, 53, 55, 146,
    147, 155
  1950-B, „Silver Spade", 49-55, 146, 154,
    155, 157
  2570-W, 142
  3850-B Lot I, „Big Hog"; 42, 43, 47-49, 147
  3850-B Lot II, 26, 27, 44, 45, 4650, 56,
    147
  4250-B, 142-144
  4250-W, „Big Muskie"; 141-143, 152
Bucyrus Foundry and Manufacturing,
  s. The Bucyrus Company
Bucyrus International, 81, 84, 90, 91, 96

Bucyrus International 795-B Entwurf,
156-158
Bucyrus International Modelle,
  495-BI, 81, 89
  495-BII, 97-99
  495HE, 98, 99
  495HR, 96, 99
Bucyrus Modelle,
  78C, 16
  80-B, 21, 22
  100-B, 22, 24, 75
  110-B, 75
  150-B, 30, 75
  175-B, 30
  225-B, 30, 33
  320-B, 29, 34
  351M-ST, s. 595-B
  595-B, 84, 90, 91, 98, 99
  No. 0, 15, 21
Bucyrus-Monighan, 62
Bucyrus-Vulcan Klasse 5, 28
Bucyrus-Vulcan Company, 24, 28, 62
Budge Mining, 126
Cabot Corporation, 120
Carmichael and Fairbanks, 11
Carnes, Harper and Company, s. Lima
  Locomotive Works
Carney-Cherokee Coal Company, 30
Carter Mining Company, 91
Caterpillar, 128
Caterpillar Modelle,
  793B, 60, 61
  797, 95
  5000 Serie, 128
  5130, 128
  5230, 116, 129
  5230B, 130
Chapman, Oliver 5, 13
Chile Exploration Company, 34
Clark 2400B-LS, 67
Clark Equipment, 65
Clark-Lima, s. Clark Equipment
Clean Air Act 1990, 146
Coal and Allied Industries, 76, 86

Coal Contractors, Ltd., 106
Colowyo Coal Company L.P, 81
CONSOL (Pittsburgh Consolidation
  Coal Company), 33, 36, 42, 43, 49, 53,
  54, 55, 147, 155
Burning Star No. 3 Mine, 48, 53, 147
  Butler Mine, 103
  Egay Valley Mine, 53, 55, 146
  Georgetown No. 12 Mine, 36, 43
  Mahoning Valley Mine No. 36, 52, 146,
    155, 157
  Red Ember Mine, 48, 53
Cyprus-Pima Mining Company, 79
  Starfire Mine, 79, 80
Deadhead, 44
Demag (Mannesmann Demag
  Baumaschinen), 101, 105, 133, 134
Demag Modelle,
  B504, 101, 103
  H241, 105, 109, 119, 122
  H285S, s. Komatsu PC4OOO
  H4555, 124
  H485 Serie, 106-l08, 122, 125, 134, 150
  H6855, 126, 127
  H685SP 134
Diplomat Mine Museum, 153, 156
Duensing, Paul, 36
Dunbar and Ruston Steam Navvy, 16
Dreadnaught Shovel Serie, 25
E. H. France Company, 13
Eastwick and Harrison, 12, 13
Eells, Dan P., 16
Energy Fuels Mine, 70
Erie-A, 24
Erie-B, 24
Erie Steam Shovel Company, 24, 25, 62
Euclid FD, 63
Euclid R-45, 64, 66
Euclid R-62, 65
Fairview Collieries Corporation,
  Flamingo Mine, 41
Ferwerda, Ray, 101
Fording River Coal, 82, 89
Freeman United Coal Mining

159

Company 154
Industry Mine, 32, 41, 154-156
French, Charles Howe, 11, 12
General Machinery Corporation,
s. Lima-Hamilton Corporation
Globe Iron Works, 13
Gradall, 101
Great Lakes Dredge and Dock Company,
85, 86
Green Coal Company, 143
Henderson County Mine Number 1, 45
Panther Mine, 39, 45, 147
Hanna Coal Company, s. CONSOL
Harnischfeger, Henry, 63
Hartman-Greiling Company, s.
Northwestern Engineering Company
Heckett Engineering Company, 103
Hitachi, 103, 122, 124, 130
Hitachi Modelle,
EX1800, 124, 130
EX1900, 130
EX2500, 117, 130
EX3500, 109, 110, 124, 130
EX3600, 130
EX5500, 118, 119, 132
UH801, 105
Huber, Edward, 19, 20
Huber Manufacturing Company, 19
Hunter Valley Mining Operation, 75, 76,
85, 86
Jackson and Mackinaw Railroad, 20
John H. Wilson and Company, 27
Kaiser Steel Corporation,
Eagle Mountain Mine, 103
Kennecott Energy,
Antelope Mine, 136, 137, 138
Jacobs Ranch Mine, 92-95, 136, 138
Kentucky-Virginia Stone Company, 11, 17
King, George W., 20
KMC Mining (Klemke and Son Construc-
tion Ltd.), 107, 125, 126,
128, 134, 135
Koehring, 112
Koehring Modelle,
505 Skooper, 112
1266D, 112
1466FS, 112, 116
Kolbe/Bucyrus Erie W3A Wheel
Excavator, 41
Komatsu-Demag GmbH, 133
Komatsu-Demag H655S, s.
Komatsu PC8000
Komatsu-Demag H740 OS, 128
Komatsu Ltd., s. Komatsu-Demag
Komatsu Mining Germany GmbH, 133
Komatsu Modelle,
PC3000, 133
PC4000, 123, 133
PC5500, 133
PC8000, 127, 132, 135
Liebherr, 103, 105
Liebherr Modelle,
R991, 104, 105, 132
R994, 108, 122, 132
R994B, 100, 101, 132
R995, 118
R996, 120-122, 132
T-282 Hauler, 95
Lima Car Works, s. Lima
Locomotive Works
Lima-Hamilton Corporation, 65
Lima Locomotive and Machine Works,
s. Lima Locomotive Works
Lima Locomotive Works, 61, 63-65, 67
Lima Machine Works, s. Lima
Locomotive Works
Lima Modelle, 101, 65
1200, 67
1201, 63, 67
2400, 63, 67, 75
2400B, 63
Little John Coal Company, 32

Lone Tree Gold Mine, 110
Magma Copper Company,
Pinto Valley Mine, 125
San Manuel Mine, 106
Marion Modelle
28, 18, 23
40, 14
100, 20, 21
101-M, 79
191-M, 68, 78, 79
194-M, 79
201-M, 61, 79
204-M, „Super Front", 70, 79, 80, 119
271, 28, 30
291-M, 69, 78, 150
300, 28, 30, 33
301-M, 77-80, 84, 89
350, 33, 34, 153
351-M, 82, 83, 90, 92, 93
360, 153, 156
490, 76
402, 18
3560, 104, 116, 119
4121, 76
4160, 76
4161, 68, 76
5323, 39, 40
5480, 29, 34
5560, 33, 37, 38
5560 Serie II, 37, 38
5561, „Tiger", 33, 38, 39, 41, 42, 144
5600, 31, 37
5760, „Big Paul, the King of Spades",
36, 44
5760, „Mountaineer", 35, 36, 42-45,
146, 147, 155
5761, 40, 41, 142, 147
5761, „Stripmaster", 40, 46, 47, 145, 147
5860, 48, 50, 53
5900, 55-59, 141, 147, 154, 155
5960, „Big Digger", 54-56, 144, 147
6360, „The Captain", 47-51, 53, 85,
141-143, 147-149, 151-153
8750 Serie, 142
Marion Power Shovel Company, 62, 63,
68-70, 72, 75-80, 84, 87, 89-91, 112,
115, 116, 119, 141, 142, 149, 151, 156
Marion Steam Shovel Company, 13, 18-
28, 30, 31, 33-39, 4144, 46, 47, 49,
50, 53-57, 61, 62
Michigan Limestone, 35
Midland Electric Coal Company,
Allendale Mine, 37
Elm Mine, 41
Milwaukee Hydraulics Corporation, 115
Mission Mining Company, 28
Monighan Manufacturing Company, 62
Mt. Newman Mine, 77, 89
Mullens, Bill, 51
Mullens, Thomas C., „Captain Mullens",
No. 1, „Thompson Iron Steam Shovel and
Derrick", 19, 21
North American Construction Group,
139
North Antelope Rochelle Complex
(NARC), 85, 90, 91, 150
Northern Strip Mining Ltd. (NSM), 102,
Northwest Engineering Company, 61, 63
64, 71, 112, 115
Northwest Engineering Works, s.
Northwest Engineering Company
Northwest Modelle,
65-DHS, 112, 115
80er Serie, 71
80-0, 71
180-D, 64, 71, 73, 75, 115
180-0 Serie II, 64
Norwich and Worcester Railroad, 12
O&K (Orenstein and Koppel), 103, 109,
110, 120, 124, 135, 136
O&K Modelle,
RHS, 104

RH25, 120
RH4OC, 126
RH7S, 103-105
RH9OC (Terex TME9OC), 112, 126
RH12OC, 126, 136
RH17O, s. Terex TME17O
RH2OO, 113, 124, 126, 132, 135, 136
RH300, 102, 103, 106, 109, 110, 122
RH4OO 11-35, 131
RH400 11-36, 132
RH4OO 11-37, 133, 134
RH4OO 11-38, 135
Ohio Central Railroad, 19
Ohio Power Shovel of Lima, 16, 65
Ok Tedi Mining Limited, 80
Osgond Dredge Company, 16, 62
Otis, „Boston" shovels, 13
Otis-Chapman steam shovels, 13
Otis, Elizabeth Everett, 13
Otis Steam Shovel („Philadelphia"), 11-
13
Otis, William Smith, 11, 12
P&H (Harnischfeger Corporation),
61-64, 76, 80-82, 85, 87, 89, 91-93,
112, 115, 120, 121, 126, 127
P&H Modelle,
310, 120
1055, 71, 80
1OSSB, 71
1200 Serie, 105, 121
1200B, 106
1200WL, 62
1400WL, 62, 81
1550, 114, 126, 128
1600, 72
2250, 114, 121
2250 Serie A, 115, 127, 128
2300 Serie, 82
2800 Serie, 82, 87, 89
28OOXPA LR, 72, 73, 82
2800XPB, 73
4100 Serie, 84, 91
4100A, 85, 86-89, 91-93
41OOA LR, 90-92
4100 BOSS, 94, 96, 97
4100TS, 94-97
41OOXPB, 91-96
5700 Serie, 75, 82, 85-87
S7OOLR, „Big Don", 74, 82, 85
5700XPA, 76, 86, 94, 157
P&M (Pittsburg and Midway Coal
Mining Company), 141, 156
Kermmerer Mine, 85, 117
Mine 19, 46, 49, 50
Paradise Mine, 31
Panama Canal, 21
Pawling, Monzo, 63
Pawling and Harnischfeger, Engineering
and Machinists, s. P&H
Peabody 5562P, 39
Peabody Coal, 47, 54, 150, 154, 155
Alston Mine, 41, 144
Bee Veer Mine, 39
Gilbraltar Mine, 40
Hawthorn Mine, 36
Lynnville Mine, 40, 46, 55-57, 59, 78,
147, 154, 155
River King No. 6 Mine, 27, 36, 44, 48,
49, 147
River Queen Mine, 45, 55, 56, 144, 147
Riverview Mine, 45
Rogers County No. 2 Mine, 39
Sinclair Mine, 42, 43, 47, 48, 78, 147
Vogue Mine, 30, 45
Warrior Mine, 144
Peabody Energy, 145
Lee Ranch Mine, 96, 98
Piney Fork Coal Company, 28
Poclain, 101, 102
Poclain Modelle,
1000 CK Serie 1, 102-104
EC 1000, 102-104, 112

TU, 101
Power River Coal Company, 91, 150
Caballo Mine, 84, 88, 91
Rochelle Mine, 72, 79
Quick Way Truck Shovel Company, 62
Quick-Way Crane Shovel Company, 62
R. W. Miller and Company, Mount
Thorley Mine, 86
RAG Coal West, 61, 78, 94
Reading Anthracite Company, 125
Reserve Mining Company, 79
Reynolds Alberta Museum, 151, 156
Rudicill, Bill, 22
Ruston 300, 34
Ruston and Rornsby, Ltd., 16, 34, 62
Ruston-Bucyrus, Ltd., 62, 115
Ruston-Bucyrus Modelle, 220-RS, 115,
116
375-RS, 116
Ruston, Proctor and Company, 16
Sahara Coal Company, 142
SAMCA, 101
Santa Fe Pacific Gold Corporation, Lone
Tree Mine, 117
Saxonvale Coal, 108
Schwenk Zement, 130
Shasta Coal Corporation, 37
SICAM, 101
SMEC (Surface Mining Equipment for
Coal Technology Research
Association), 111
SMEC 4500, 111, 124, 132
Southwestern Illinois Coal Corporation,
Captain Mine, 47, 50, 51, 57, 74, 82, 85,
147, 148, 149
Sumitomo Heavy Industries, 79
Suncor Energy 90, 91, 94, 107, 150
Sunnyhill Coal Cumpany, 37, 38
Super-Cab, 98
Syncrude, 136, 137
Aurora Mine, 96, 97, 119, 133, 138
Base Mine, 77, 95, 96, 131, 132
Tecumseh Coal Corporation, 39
Terex Mining, 129, 135, 136, 138, 139
Terex Modelle, 33-15B, 75
33-19 Titan, 86
Terex O&K Modelle, RH2OO, 129
RR120E, 130, 136
RH4OO, s. TME4OO
RH4OOE, 136, 137
MT-5500, 98
TME17O, 130, 136
TME4OO, 139
Thiess, Mt Owen Mine, 122
Thunder Basin Coal Company, Black
Thunder Mine, 82, 90
Transtick, 112
TriPower, 124
Triton, North Rochelle Mine, 92, 93, 94
Truax-Traer Coal Company, s. CONSOL
Ulan Coal Mines, Ltd., 70
Unit Rig Lectra Haul MT-4000, 78
Limited Electric Coal Companies, 37, 156
Banner Mine, 32, 41, 154
Buckheart Mine, 143
Fidelity Mine, 38, 143, 147
Mine No. 11, 31
Uralmash EG-20, 124
Vulcan Iron Works, s. Vulcan Steam
Shovel Company
Vulcan Phosphate Specials, 27
Vulcan Steam Shovel Company 16, 24,
27, 28, 62
Ward-Leonard, 33, 62, 64, 80
Warner and Swasey Company 101, 112
Warner and Swasey Modell, Hopto 1900,
112
Western Contracting Corporation, 68
Wichita Air Force Base, 68
Yumho S25, 101